Gräser & Bambus

DK

besser gärtnern

Gräser & Bambus

Jon Ardle

DORLING KINDERSLEY

LONDON, NEW YORK, MELBOURNE, MÜNCHEN UND DELHI

GESTALTUNG, VERANTW. Rachael Smith
LEKTORAT Zia Allaway
HERSTELLUNG Rebecca Short

CHEFLEKTORAT Anna Kruger
CHEFBILDLEKTORAT Alison Donovan
DTP-DESIGN Louise Waller
BILDRECHERCHE Lucy Claxton, Richard Dabb, Mel Watson

FÜR DORLING KINDERSLEY PRODUZIERT VON
Airedale Publishing Limited
LEITUNG GRAFIK Ruth Prentice
GESTALTUNG Murdo Culver
REDAKTION Helen Ridge
HERSTELLUNG, VERANTW. Amanda Jensen

FOTOS Sarah Cuttle, David Murphy

Für die deutsche Ausgabe:
PROGRAMMLEITUNG Monika Schlitzer
PROJEKTBETREUUNG Regina Franke
HERSTELLUNGSLEITUNG Dorothee Whittaker
HERSTELLUNG Anna Strommer, Maxie Zadek

Bibliografische Information Der Deutschen Bibliothek
Die Deutsche Bibliothek verzeichnet diese Publikation in der Deutschen Nationalbibliografie; detaillierte bibliografische Daten sind im Internet über http://dnb.ddb.de abrufbar.

Titel der englischen Originalausgabe:
Bamboos and Grasses

ÜBERSETZUNG Feryal Kanbay
REDAKTION Agnes Pahler

ISBN 13: 978-3-8310-1168-1

Colour reproduction by Colourscan, Singapore
Printed and bound in Singapore by Star Standard

Besuchen Sie uns im Internet
www.dk.com

Inhalt

Gartendesign mit Gräsern und Bambus

Unabhängig von der Gartensituation – ob Kiesbeet, fernöstliche Anlage oder Innenhof – Bambus, Gräser und Stauden mit grasartigem Wuchs machen etwas Besonderes daraus. Entdecken Sie die Schönheit dieser vielseitigen Gewächse. Das folgende Kapitel erklärt, wie Sie interessante Pflanzengruppen schaffen, indem Sie diese Allrounder mit Blütenpflanzen, Sträuchern und Bäumen kombinieren.

Gestalten mit Gräsern

Ein nur mit Gräsern bepflanztes Beet bietet ganzjährig einen interessanten und durchaus farbigen Anblick. Als Besonderheit bringen Gräser das Element ständiger Bewegung mit ein.

Abbildungen von links nach rechts

Farbkontrast Ein für Gräser typischer Farbkontrast entsteht durch die Kombination aus den relativ breiten, bronzeroten Blättern von *Uncinata uncinata* 'Rubra' und den feinen grünen Blättern des Blau-Schwingels (*Festuca glauca*). Beide Pflanzen bevorzugen saure Böden und benötigen nur einen leichten Rückschnitt im Frühjahr.

Höhen und Texturen mischen Zu den besten hochwüchsigen Pflanzen zählen die zahlreichen Sorten des Pampasgrases (*Cortaderia selloana*). Manche werden bis 3 m hoch und bilden Horste aus graugrünen Blättern und riesigen Blütenständen im Spätsommer (für kleine Gärten eignet sich die Zwergsorte 'Pumila' besser). Im Vordergrund wachsen das niedrigere Silberährengras (*Stipa calamagrostis*) mit langer Blütezeit und die Ruten-Hirse (*Panicum virgatum*), eines der schönsten blaublättrigen Gräser.

Kompakt und modern Die elegante *Chionochloa* hat einen rundlichen Wuchs und überhängende, federbuschartige Blütenrispen, die wie ein Miniatur-Pampasgras anmuten. *C. flavescens* gilt als besonders winterhart.

Winterlich Sogar sommergrüne Gräser bereichern den winterlichen Garten. Die vertrockneten Halme und Blütenstände des Chinaschilfs (*Miscanthus*) überstehen strenge Winter und wirken bei Raureif reizvoll.

Gräser und Bambus in gemischten Rabatten

Gräser und Bambus verleihen jeder Rabatte in der Sonne oder im Schatten einen Hauch von Exotik. Sorgfältig ausgewählt, harmonieren sie gut mit den vorhandenen Pflanzen und sorgen für schöne Effekte.

Abbildungen von links nach rechts

Fedrig und feurig Gräser bilden hier den attraktiven Hintergrund für die hellroten Blüten der Montbretien (*Crocosmia*). Die duftigen Rispen des Riesen-Federgrases (*Stipa gigantea*) sorgen für eine Schleierwirkung, die den Blüten schärfere Konturen verleiht – und sie harmonieren mit dem weicheren Blühaspekt der *S. tenuissima*. Die Blütenstände beider Grasarten bewahren noch lange, nachdem die Montbretien verblüht sind, ihre zarte, dekorative Erscheinung.

Waldweg Viele Bambus-Arten wachsen im Unterholz und passen daher gut in schattige Gehölzbereiche. Setzen Sie Pflanzen derselben Art auf beiden Seiten eines Weges ein, um nicht nur einen Kontrast zu den Baumstämmen zu schaffen, sondern auch um das Auge (und die Füße) zum Weiterwandern zu verleiten. Die aufrechten Bambushalme und die niedrigen, rundlichen Sträucher sorgen ebenfalls für ein harmonisches Bild.

Beweglicher Sichtschutz In diesem herrlichen Schaugarten, entworfen von Tom Stuart-Smith, kommt die duftige, durchscheinende Anmutung und die ganze Höhe des Riesen-Federgrases (*Stipa gigantea*) zum Tragen. Die Gräser bilden ein bewegliches Raster und wehen sanft über eine naturnahe Pflanzung mit Salbei, Margeriten, Ziest sowie weinroten Bart-Iris, aber sie verdecken nichts.

Die richtige Wahl Bambus ist als große, auffällige und exotische Solitärpflanze unübertroffen, aber um die Wirkung nicht zu schmälern, müssen die Begleitpflanzen sorgfältig ausgewählt werden. Im Vordergrund dieser Gruppe wiederholen sich Farbe und Form der prächtigen goldenen Halme eines Goldrohrbambusses (*Phyllostachys*) in den gelben Blüten der Palisaden-Wolfsmilch (*Euphorbia characias* subsp. *wulfenii*). Dagegen erhellen die spinnenartigen weißen Blüten der Stern-Magnolie (*Magnolia stellata*) den Hintergrund. Wie der Bambus stammt die Magnolie aus Asien.

Gepflanzte Prärie

Ein Präriebeet nimmt Anlehnung an die natürlichen Pflanzengemeinschaften der nordamerikanischen Prärien und der russischen Steppen. Dadurch entstehen pflegeleichte Pflanzungen.

Abbildungen im Uhrzeigersinn von rechts

Kleiner Maßstab Eine Prärie eignet sich auch für kleine Bereiche, wenn man niedrige Gräser und Stauden auswählt. In diesem Garten wurden Pfeifengras (*Molinia*), Rasen-Schmiele (*Deschampsia*) und Moor-Reitgras (*Calamagrostis* x *acutiflora*) und als Stauden Witwenblumen (*Knautia macedonica*), Taglilien (*Hemerocallis*) und Wiesen-Salbei (*Salvia pratensis*) kombiniert.

Spät im Jahr Präriegärten bieten für lange Zeit einen schönen Anblick. Im Herbst steht das Riesen-Federgras (*Stipa gigantea*) noch in voller Blüte, ebenso wie *Perovskia atriplicifolia* mit blaulila Ähren. Die Samenstände der Kugeldistel (*Echinops*) und des Natternkopfes (*Echium*) verleihen dem Beet auch im Winter Struktur.

Ganz klassisch Zusammen mit den bronzefarbenen Blüten des Federgrases (*Stipa tenuissima*) lassen Rudbeckien eine herrliche, langlebige Kombination entstehen.

Wiesen anlegen

Wiesen setzen sich aus Gräsern und Wildblumen zusammen. Durch die Weidewirtschaft ist diese Vegetationsform in Europa stark verbreitet.

Abbildungen von links nach rechts

Mehrjährige Wiesen Samenmischungen von mehrjährigen Gräsern und Blumen sind für viele Bodenarten und Standorte erhältlich. In relativ feuchten, halbschattigen Lagen kann man eine Wiese mit Gänseblümchen, Butterblumen und Schachbrettblumen bepflanzen.

Einjährige Mischungen Die wahrscheinlich einfachste Art, eine Blumenwiese anzulegen, ist die Verwendung fertiger Mischungen von einjährigen Gräsern und Wildblumen. Auf vorbereiteten Boden ausgebracht, entwickeln sich die Samen innerhalb von wenigen Wochen zu einer schönen Blumenwiese mit einjährigem Klatsch-Mohn und Kornblumen, müssen jedoch jedes Frühjahr neu gesät werden. Vor allem heimische Arten begünstigen das Tierleben.

Blühende Gräser Die Blütenstände vieler Grasarten wie die des Lampenputzergrases (*Pennisetum alopecuroides*, ganz rechts) und der Wildgerste (*Hordeum jubatum*, unten) sind selbst sehr schön, besonders in der Sonne, wenn sie rosafarbene Töne annehmen. Es ist wichtig, die Wuchskraft der Gräser zu dämpfen, damit sich die Wildblumen behaupten können.

Kiesgärten

Gräser und Bambusse mit ihren anmutigen Formen gedeihen in der Regel gut in Kies und sie sehen darin großartig aus. Ein Vlies unter der Kiesauflage unterdrückt das Unkraut und garantiert einen pflegeleichten Garten.

Abbildungen im Uhrzeigersinn von links
Neutraler Hintergrund Kies lässt einzelne Gräser schön hervortreten. Horst bildende Arten eignen sich besonders gut für Kiesgärten, wobei Sie viel Platz zwischen den Pflanzen lassen sollten.
Goldenes Gras Das Riesen-Federgras (*Stipa gigantea* 'Goldfontäne') eignet sich sehr gut als Solitärpflanze für einen Kiesgarten. Es bildet eine rundliche Gestalt von rund 75 cm Höhe, aus der im Sommer mannshohe gelbe Blütenstängel aufragen.
Unterlage für Bambus Kies hebt Bambus sehr schön hervor. Einige zusätzliche, rund geschliffene Kieselsteine erhöhen die Wirkung, ihre Formen bieten einen Kontrast zu den geraden Linien des Bambus.
Rand aus blauem Gras Unter den niedrigen Gräsern fällt besonders der Blau-Schwingel (*Festuca glauca* 'Elijah Blue') mit seinen leuchtend blaugrünen Blättern auf. Er eignet sich gut für den Rand von Wegen oder Rabatten.

Moderne und pflegeleichte Gärten

Gräser und Bambusse bieten eine Vielfalt an Farben, Formen und Texturen. Dazu kommen sie mit wenig Pflege aus. Sie ergänzen auf ideale Weise die geraden Linien und glatten Materialien moderner Gärten. Sie eignen sich bestens für pflegeleichte Anlagen und »Wohnräume im Freien«.

Abbildungen im Uhrzeigersinn

Alternative zum Rasen Eine rechteckige Fläche wurde hier in Anlehnung an traditionellen Rasen durch niedrige, grüne, Matten bildende Sedum-Arten ersetzt. Als Saum dient ein breiter Streifen aus überhängendem Federgras (*Stipa tenuissima*) mit lockeren Rispen. Anders als ein herkömmlicher Rasen muss dieser nicht gemäht werden. Weiße Blütenkerzen des Fingerhuts ragen zwischen den Gräsern heraus und durchbrechen so das weitläufige Grün.

Kompromisslos modern Ein verzinktes, quadratisches Gefäß birgt einen prächtigen *Phyllostachys bambusoides* 'Castillonii' mit ockergelb und leuchtend grün gestreiften Halmen. Der hoch aufragende Bambus wird in der Gartenecke zum unbestrittenen Blickfang. Er wurde mit rotlaubiger Berberitze unterpflanzt und wird von dunkler Bart-Iris und Storchschnabel mit violettem Laub begleitet. Die Zier-Hirse (*Panicum*) vermittelt zwischen den einzelnen Elementen.

Spiegelbilder Der vielseitige Blau-Schwingel (*Festuca glauca*) eignet sich hervorragend für Kombinationen mit modernen Materialien wie Spiegelplatten, Edelstahl und schwarzen Bodenfliesen. In diesem kleinen Garten wurde ein blühender Blau-Schwingel mit einer anderen Sorte kombiniert, die gerade nicht in Blüte steht. Die ziemlich unscheinbaren Rispen des Blau-Schwingels haben die gleiche bläuliche Färbung wie die Blätter. Zu dieser Gestaltung gehört ein modernes Wasserelement, das unter der durchsichtigen Bodenplatte installiert wurde.

Fernöstliche Gärten

In chinesischen und japanischen Gärten herrschen Grüntöne vor. Steine, Wasser und Pflanzen werden zu idealisierten Abbildern der Natur arrangiert. Die Wirkung beruht auf unterschiedlichen Blattformen und -texturen, Bambus und Gräser sind unentbehrlich.

Abbildungen von links nach rechts
Bambushain Wenn genug Platz vorhanden ist, dürfen Bambus-Arten wie *Yushania maculata* ganze Haine bilden.
Beschauliche Szene Die ruhige Wirkung dieses japanisch inspirierten Gartens beruht auf der Vielfalt an Blattfarben und -formen. Seggen und andere feinlaubige Gräser stehen vor allem am Teichrand.
Fernöstlicher Sichtschutz Holztrennwände im japanischen Stil bieten den perfekten Hintergrund für die Bambusbüsche (*Phyllostachys*). In Japan wäre die Trennwand mit schwerem, lichtdurchlässigem Reispapier bespannt; in kälteren und nasseren Regionen eignet sich milchiges Plexiglas besser.
Harmonisch gestaltet In die schattige Ecke dieses japanischen Teegartens passt der Schirmbambus (*Fargesia*) sehr gut. Sein eleganter, überhängender Wuchs wiederholt sich in den hängenden Blütentrauben und den Blättern der Glyzine links im Vordergrund.

Sichtschutz, Hecken und Trennwände

Selten werden Gräser und Bambus als Hecken oder Sichtschutz gepflanzt. Doch höher wachsende Formen, besonders immergrüne Bambus-Arten, Pampasgras und die höheren Sorten des Chinaschilfs sind ideal für diesen Zweck.

Abbildungen im Uhrzeigersinn von links

Ost trifft West Der hoch und schnell wachsende immergrüne Bambus bildet bald eine dichte, elegante und pflegeleichte Hecke. Sehr dicht gepflanzter *Phyllostachys* mit grünen Halmen gibt hier einen wirkungsvollen Hintergrund für die klassische Bank und die Urne. Eine ungewöhnliche Kombination aus fernöstlichen und westlichen Elementen.

Blickfang Überlegt platziert kann ein einzelner Bambus einen unschönen Ausblick oder ein unansehnliches Element wie einen Schuppen kaschieren oder den Endpunkt einer gewöhnlichen Koniferenhecke markieren.

Hohe Gräser als Sichtschutz Die stattlichsten der Ziergräser lassen sich wie Hecken verwenden oder eignen sich als Sichtschutz, sofern man die Pflanzen dicht genug aneinander setzt. Die höchsten Sorten des Chinaschilfs (*Miscanthus sinensis*) wie 'Große Fontäne' und 'Graziella' werden über 1,8 m hoch, während *Miscanthus sinensis* var. *condensatus* 'Cosmo Revert' 3 m Höhe erreichen kann. Alle blühen lange Zeit, und die Bewegung ihrer Blätter und federbuschartigen Blütenstände bei jedem Windhauch bringt zusätzlich ein fließendes Element und Geräusche durch das Rascheln in den Garten. Chinaschilf ist sommergrün, aber die hellen vertrockneten Halme und Blütenstände bleiben immer attraktiv. Als immergrüner Sichtschutz eignet sich besonders das knapp 3 m hohe Pampasgras (*Cortaderia selloana*).

Unterteilung in Wiesen Für einen niedrigen, abgrenzenden, aber durchsichtigen Schirm bieten sich prärieartige Pflanzungen aus niedrigen Gräsern, gemischt mit Stauden, an. Fedriges Reitgras *(Calamagrostis)*, Schmiele *(Deschampsia)* und Hirse *(Panicum)* werden 90–120 cm hoch und sehen neben unaufdringlichen Stauden wie Feuerkolben *(Arisaema)*, Akelei *(Aquilegia)* und Sterndolde *(Astrantia)* gut aus.

Gestalten mit Gefäßen

Die meisten Gräser wachsen auch in Töpfen und auf Hochbeeten. Sie bringen somit Farbe und Bewegung in Innenhöfe und auf Terrassen. Viele Bambus-Arten machen in Gefäßen eine gute Figur und sind so gut zu bändigen.

Abbildungen im Uhrzeigersinn

Harmonie im Innenhof Feste Bodenbeläge und Stufen können in einem Garten ziemlich kahl und streng wirken, wenn die Bepflanzung die Konturen nicht abmildert. Hier hat man im Bodenbelag Aussparungen frei gelassen, in denen Gräser wachsen. Durch die geringe Pflanzfläche erscheinen diese Lücken wie in den Boden versenkte Töpfe. Es entsteht eine Wechselwirkung zu den Gefäßen auf dem Absatz. Die wiederholt eingesetzte gelbblättrige Segge im Topf und vor der unteren Stufe sowie die blaugrauen Pflasterreihen und die grauen Steine um die Blau-Schwingel sorgen für ein harmonisches Gesamtbild. Die Gräser wie der in Form geschnittene Buchs sind immergrün. Alle bieten das ganze Jahr über einen schönen Anblick, während die Stiefmütterchen in der Schale eine frühlingshafte Note einbringen.

Einheitliche Pflanzung Wiederholt sich die gleiche Pflanze in identischen Gefäßen, mutet eine Gestaltung formal an, besonders wenn die Pflanzen wie die Behälter groß ausfallen. Hier wachsen in drei modernen Pflanzwürfeln Einzelexemplare des Schwarzrohrbambus (*Phyllostachys nigra*). Seine Halme färben sich mit der Zeit schwarz. Sie dienen als Sichtschutz am Rand des Holzdecks und schirmen Blicke aus den Fenstern ab. Bambus im Topf darf nicht austrocknen, daher kann eine automatische Bewässerung hilfreich sein.

Hochbeete aus Edelstahl Eine Reihe moderner Edelstahlkästen in einer Terrassenecke stellt verschiedene Blattfarben und -formen zur Schau. Der Bambus (im Hintergrund) wird begleitet von rotlaubigem Neuseelandflachs (*Phormium*) und büscheligem Blau-Schwingel (*Festuca glauca*). Die blaublättrige Funkie im unteren Hochbeet greift die Farbe der Gräser auf, hat aber eine gegensätzliche Blattform. Die größere gelbe Funkie dahinter entspricht in der Färbung wiederum der gelb panaschierten Segge im Vordergrund.

Bodendecker

Viele Gräser, grasähnliche Stauden und einige niedrige Bambus-Arten sind ausgezeichnete Bodendecker. In regelmäßigen Abständen gesetzt, verzahren sie bald zu einer dekorativen Pflanzendecke, in der kein Unkraut aufkeimt.

Abbildungen im Uhrzeigersinn von links

Eleganz im Schatten Von der herrlichen *Hakonechloa macra* gibt es buntlaubige Formen. Das Gras fühlt sich im Schatten sehr wohl, obwohl sich das Streifenmuster in der Sonne stärker ausprägt. Bei diesem Teppich unter einem Kirschbaum wiegen sich die überhängenden Halme beim leichtesten Windhauch.

Zurückhaltende Schau Diese einfache, aber schöne Kombination setzt sich aus Formschnittbuchs, gelb blühender Wolfsmilch (*Euphorbia*) und büscheliger Rasen-Schmiele (*Deschampsia cespitosa*) zusammen. Die Horst bildende Schmiele eignet sich ausgezeichnet für schattige oder halbschattige Bereiche. Sie trägt im Sommer duftige Blütenstände.

Feuchter Schatten Wenige Gräser mögen feuchte, schwere Böden im Schatten, aber zum Glück gedeihen viele Seggen unter solchen Bedingungen. Goldgelb gerandete Funkien wurden mit einer Matten bildenden Segge (*Carex aurea*) in Hellgrün unterpflanzt.

Schwarz und Gold Diese schlichte, aber auffällige Kombination besteht aus bodendeckender, goldgelb gestreifter *Hakonechloa macra* und dem schwarzen Schlangenbart (*Ophiopogon planiscapus* 'Nigrescens').

Sumpf- und Wassergärten

Wenige Gräser vertragen dauerhafte Nässe, aber manche Seggen und Schachtelhalme gedeihen unter solchen Bedingungen. Es finden sich sogar regelrechte Wasserpflanzen, bei denen nur die Blätter oberhalb der Wasserfläche stehen.

Abbildungen im Uhrzeigersinn von oben links

Wassergarten im Gefäß Ein Miniteich in einem großen Behälter, etwa in einem alten Fass, bereichert den kleinsten Garten um ein Wasserelement. Seien Sie bei der Auswahl vorsichtig, da viele Wasserpflanzen zu wüchsig für begrenzte Bereiche sind, und verwenden Sie Pflanzkörbe. Hier überragt der Zwerg-Rohrkolben (*Typha minima*) die Schwimmblätter einer Zwerg-Seerose (*Nymphaea*-Sorte).

Wasserlauf im Gehölzbereich Als eines der wenigen Gräser bevorzugt die heimische Schmiele (*Deschampsia cespitosa*) Schatten und Feuchtigkeit. Am Waldrand und in Waldlichtungen bildet sie dekorative Bestände und blüht im Frühsommer. Die breiteren und mehr aufrechten Blätter der Sibirischen Schwertlilie im Schatten eines Baumes ergänzen die Schmiele an diesem natürlich bepflanzten Bachufer.

Üppige Bepflanzung Das Ufer dieses kleinen Teiches beherbergt eine höchst dekorative Fülle von Blattschmuckstauden, darunter Seggen und andere Gräser. Das hohe Gras rechts, *Cortaderia fulvida*, bevorzugt feuchte Lagen. Obwohl mehrjährig, verhält es sich wie viele einjährige Gräser und verfärbt sich gegen Ende der Blütezeit braun; doch abgestorbenes Laub lässt sich leicht entfernen. Im Vordergrund bilden das goldgelbe Laub der Steifen Segge (*Carex elata* 'Aurea') und die stahlblauen Blätter des Blau-Schwingels eine kontrastreiche Mischung mit den breiten Blättern der panaschierten Funkien und den Blütenkerzen der Ligularien.

Minimalistisch Rund um eine mächtige Betonmauer, die Rückhaltebehälter für einen Teich kaschiert, wiederholt sich das Streifenmuster des Betons in den kräftigen, aufwärts strebenden Stängeln des Schachtelhalms (*Equisetum ramosissimum* var. *japonicum*). Die Querbinden an den Knoten und der eher lockere Wuchs des Schilfes (*Phragmites*) rechts bilden einen auffallenden Kontrast.

Ans Werk

Für die Kultur ist es immer hilfreich zu wissen, aus welchen Lebensräumen die Pflanzen stammen. Daher erfahren Sie als Nächstes, wie Sie Bambus, Gräsern und anderen Stauden geeignete Wachstumsbedingungen bieten können. Setzen Sie sich mit dem Standort Ihres Gartens und dem vorhandenen Boden auseinander und machen Sie sich Gedanken über einen passenden Pflanzstil. Schließlich werden einfache Techniken zum Pflanzen und Säen gezeigt, damit Ihre Pflanzen einen guten Start haben.

Was sind Gräser?

Die Gräser sind Blütenpflanzen. Botanisch unterscheidet man Süßgräser (*Poaceae*) und Sauergräser wie Binsen und Seggen. Doch nicht jede Pflanze mit grasartigen Blättern ist ein Gras.

Natürlicher Bodendecker Gräser prägen einige große Landschaftsformen der Erde – die afrikanischen Savannen, nordamerikanischen Prärien, russischen Steppen und südamerikanischen Pampas. Sie überleben mit nur wenig Wasser und nach Schäden wie durch Abweiden treiben sie aus bodennahen Knospen schnell wieder aus.

Futterquelle Die weltweit bedeutendsten Kulturpflanzen sind Gräser wie Reis, Weizen, Gerste, Hafer und Roggen. Auf Getreide gründet die menschliche Kultur. Es bildete die Voraussetzung dafür, dass der Mensch sesshaft wurde und Ackerbau und Viehzucht betrieb.

Bestäubung Grasblüten sind weder bunt, noch weisen sie Nektar oder Duft auf. Sie werden nämlich durch den Wind und nicht durch Insekten bestäubt. Die Staubblätter produzieren große Mengen an winzigen Pollenkörnern, die zufällig auf die Narben verweht werden.

Formen- und Farbenvielfalt Innerhalb der artenreichen Familie gibt es nur sehr wenige wirklich attraktive Gräser. Aber hier wiederum zeigt sich eine Fülle an Formen, Größen und Farben: Gräser können blaues, rotes, bronzefarbenes oder silbernes Laub haben. Es gibt einjährige und mehrjährige Arten, sommergrüne Gräser mit schöner Herbstfärbung und viele immergrüne. Sie wachsen in Horsten oder bilden Ausläufer.

Weißes Lampenputzergras (*Pennisetum villosum*) bringt weiße, zottelige Blütenstände hervor. Es bildet breite Horste, ist aber nicht winterhart.

Das Chinaschilf (*Miscanthus sinensis* 'Silberfeder') blüht relativ spät und erreicht mit einer Wuchshöhe von 1,5 m eine stattliche Größe.

Imperata cylindrica 'Rubra' fällt durch seine rote Färbung auf, die sich im Verlauf der Wachstumszeit zur Basis hin ausdehnt.

Die Haargerste (*Elymus magellanicus*) aus Südamerika bildet lockere, intensiv silberblaue Horste – eine ganz ungewöhnliche Farbe.

Was ist ein Bambus?

Unter Bambus versteht man Gräser, die verholzen, sodass sie viel höher wachsen können als ihre krautigen Verwandten. Die meisten Arten stammen aus den Tropen oder Subtropen.

Möchtegern-Riesen Manche Bambus-Arten formen mit 10 m Höhe und mehr regelrechte Haine, die mit den Bäumen der tropischen Regenwälder konkurrieren können. Bambus hat kein Dickenwachstum wie ein Baum, er treibt dafür regelmäßig aus den Wurzeln zahlreiche Schösslinge aus.

Das Wurzelsystem Die Bambus-Arten zeigen zwei grundsätzliche Wuchsformen: Horstige Arten dehnen sich relativ langsam aus; ihre dicht verzweigten Wurzeln bilden eng aneinander neue Halme. Hierzu gehören die meisten Gartenbambusse. Ausläufer bildende Arten treiben in weiteren Abständen neue Halme aus den sich rasch ausbreitenden Wurzeln. Dadurch können sie wuchern.

Horstige Arten:

- *Chusquea*
- *Fargesia*
- *Himalayacalamus*
- *Phyllostachys* (im Verhalten)
- *Semiarundinaria* (im Verhalten)
- *Thamnocalamus*

Ausläufer treibende Arten:

- *Bashania*
- x *Hibanobambusa*
- *Indocalamus*
- *Pleioblastus*
- *Pseudosasa*
- *Sasa*
- *Sasaella*
- *Yushania* (im Verhalten)

Horste bildend

Ausläufer treibend

Wuchshöhen und Blattformen Bambus erweist sich als ausgezeichnete Blattschmuckpflanze und zeigt eine einzigartige Präsenz im Garten. Die meisten Arten und Sorten sind nicht schwerer zu kontrollieren als Bäume oder Sträucher, die einen jährlichen Schnitt benötigen. Die Wuchshöhe variiert vom echten Zwergbambus mit höchstens 40 cm Höhe bis zu hoch aufragenden Pflanzen in der Höhe von Bäumen. Die Vielfalt an Blattgröße, Halmfärbung und Wuchshöhe erweitert sich ständig durch neu eingeführte Arten und Sorten.

Fargesia robusta mit großen Blättern und fahlen Halmscheiden wird bis 4 m hoch und eignet sich für Hecken an unterschiedlichen Standorten.

Phyllostachys nigra zeigt einen interessanten Kontrast zwischen den grünen Blättern und den glänzenden, im Alter schwarz verfärbten Halmen.

Sasa palmata 'Nebulosa' sieht sehr schön aus, wuchert aber stark. Man hält sie besser im Pflanzgefäß, und sie passt nicht in kleine Gärten.

Pleioblastus variegatus wuchert ebenfalls (wie alle *Pleioblastus*-Arten), ist aber leichter zu begrenzen – eine hervorragende panaschierte Form.

Pflanzen mit grasartigem Wuchs

Eine Reihe von Stauden mit grasartigen, röhren- oder riemenförmigen Blättern werden oft für Gräser gehalten, obwohl sie nicht zu den Süßgräsern gehören. Dies gilt auch für Sauergräser.

Flachwasserzone Viele grasähnliche Arten wie Rohrkolben (*Typha*) wachsen in feuchten oder völlig nassen Böden im Schatten oder Halbschatten – Bedingungen, die das zarte, faserige Wurzelsystem von echten Gräsern nicht vertragen würde.

Verschiedene Familien und Formen

Viele grasähnliche Pflanzen sind mit den echten Gräsern überhaupt nicht verwandt (was man am Blütenbau erkennen kann). Bei den Sauergräsern, besonders aus der Gattung *Carex*, fällt die Unterscheidung zu den echten Gräsern, den Süßgräsern, nicht leicht. Dagegen haben die Blüten des Schlangenbarts eindeutig die Aufgabe, Insekten anzulocken. Es kann sich also gar nicht um ein windbestäubtes Gras handeln.

Seggen Die große, weitverbreitete Gattung der Seggen zeigt recht unterschiedliche Ausprägungen. Die meisten Vertreter sind immergrün und wachsen auf nassen Böden.

Hainsimsen Die *Luzula*-Arten sind Binsengewächse. Sie vertragen Trockenheit und Schatten und zählen zu den wenigen Gräsern, die im Wurzelbereich von Bäumen wachsen.

Binsen Echte Binsen der Gattung *Juncus* lieben Feuchtigkeit. Ihre Blätter sind grasartig oder stielrund, sodass sie wie ein Halm aussehen. Manche Sorten haben spiralige Halme.

Rohrkolben *Typha*-Arten bilden eine eigene Familie und werden oft mit dem Schilfrohr (*Phragmites*) verwechselt. Im Garten wuchern diese Wasserpflanzen oft sehr stark.

Schachtelhalm Die sehr urtümlichen *Equisetum*-Arten verbreiten sich über Sporen und bilden keine Blüten. Man zieht sie am besten in Töpfen, weil sonst ihre Ausläufer weit streifen.

Schlangenbart Am meisten ist die schwarzblättrige Form verbreitet: *Ophiopogon planiscapus* 'Silberfeder' hat kleine, für ein Liliengewächs typische Blüten und später schwarze Beeren.

Den Standort prüfen

Eine gute Gestaltung hängt davon ab, dass die Pflanzen am richtigen Standort stehen. Achtung: Die Bedingungen können sogar innerhalb einer kleinen Fläche stark variieren.

Wie geht man vor? Die Ausrichtung zur Himmelsrichtung spielt eine wichtige Rolle. Nach Süden liegende Gärten erhalten das meiste Sonnenlicht, nach Norden ausgerichtete am wenigsten. Ost- oder westwärts orientierte Flächen erhalten einen Teil des Tages volles Licht. Ein einfacher Kompass genügt zur Ermittlung.

Schwache Morgensonne erhellt den größten Teil dieses Gartens.

Sonne, Schatten und Wind Die unmittelbare Umgebung eines Gartens beeinflusst das Gedeihen von Pflanzen. Licht ist der wichtigste Wachstumsfaktor, doch Gebäude, Hecken und große Bäume werfen Schlagschatten. Sogar nach Süden gelegene Flächen, die von Gebäuden oder Bäumen umgeben sind, liegen die meiste Zeit des Tages im Schatten. Andererseits gibt es in einem offenen, sonnigen Garten ohne Mauern und Hecken nichts, was den Wind abschirmen könnte. Beständiger oder starker Wind schädigt die Pflanzen und erhöht die Verdunstung. Manche Pflanzen kommen mit exponierten Lagen zurecht, andere brauchen einen geschützten Standort. Dort wird der Einfluss von Wind durch Gebäude, Zäune oder Bäume abgemildert.

Am Mittag steht die Sonne am höchsten, die Schatten sind kurz.

Am Spätnachmittag wirft die hintere Hecke langen Schatten.

Mikroklima beachten Achten Sie bei der Pflanzenwahl auf die speziellen Standortansprüche und Bedürfnisse der Pflanzen. Gräser ziehen offene, sonnige Plätze vor, die auch trockener sind, während Seggen, Hainsimsen und andere grasähnliche Gewächse schattige Bereiche bevorzugen. Die meisten Bambus-Arten wachsen in Sonne oder Halbschatten.

Den Boden testen

Die Pflanzen wachsen nicht in jedem Boden gleich gut. Bieten Sie einer Pflanze einen ähnlichen Boden, wie an ihrem Naturstandort, kann sie gut gedeihen. Unter abweichenden Bedingungen wird sie es schwer haben.

Verschiedene Bodenarten

Noch vor der Gartenanlage sollten Sie die vorhandene Bodenart bestimmen – sie ist entscheidend bei der Auswahl der Pflanzen. Ungeeignete oder zu magere Böden können verbessert werden, aber Sie müssen die Bodenart kennen, bevor Sie sich für eine Vorgehensweise entscheiden. Der Boden kann auch innerhalb eines Gartens variieren, sodass Sie Proben von verschiedenen Bereichen testen sollten.

Tonböden bestehen aus feinen Teilchen, speichern Wasser, neigen zu Staunässe und sind nährstoffreich.

Sandböden haben viel gröbere Partikel, sind durchlässig und speichern wenig Wasser; sie sind nährstoffarm.

Schluffböden bestehen aus gröberen Teilchen als Tonböden, neigen zu Staunässe und sind mäßig fruchtbar.

Lehmböden zeigen ausgewogene Korngröße, sind fruchtbar und speichern gut Wasser.

Bodenreaktion Der pH-Wert zeigt an, ob ein Boden sauer, basisch (alkalisch) oder neutral ist. Auf der Werteskala von 1 bis 14 bedeutet 1 extrem sauer, 14 sehr basisch, der neutrale Bereich liegt bei 7. Manche Pflanzen gedeihen nur auf sauren Böden gut, während andere basische Bedingungen brauchen, wie sie in Kalkböden vorliegen. Die meisten Gräser bevorzugen neutrale Böden, aber einige Feuchtigkeit liebende Arten ziehen saure, wenige andere wiederum regelrecht basische Verhältnisse vor. Ein Probenset (*unten*) aus dem Baumarkt hilft, den pH-Wert des Bodens zu ermitteln. Entnehmen Sie mehrere Proben – Rabatten vor Mauern zum Beispiel haben oft recht hohe pH-Werte.

Bodenstruktur Die Größe der Bodenkrümel bestimmt, wie viel Wasser, organisches Material und Nährstoffe gespeichert werden. Zur Prüfung der Bodenstruktur entnehmen Sie eine Bodenprobe und verreiben Sie die Erde zwischen den Fingern. Wenn sie sich körnig anfühlt, sich nicht zu einer Kugel formen lässt und die Handfläche relativ sauber bleibt, ist viel Sand enthalten. So ein Boden ist sehr durchlässig, trocken und für viele Gräser gut geeignet. Falls die Erde sich weich und klebrig anfühlt und sich formen lässt, enthält der Boden viel Ton oder Schluff. Er speichert Wasser, ist fruchtbar, neigt aber zu Staunässe und Luftmangel. Seggen, Binsen und Rohrkolben gedeihen hier noch.

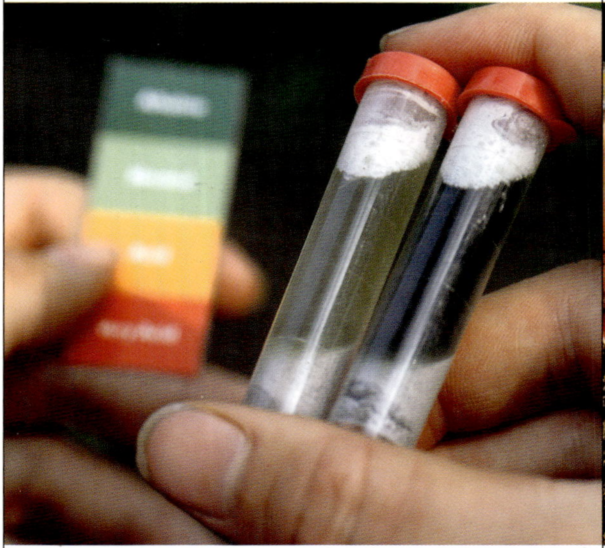

Die Probe im linken Röhrchen ist fast neutral, im anderen basisch.

Sandboden zerfällt in der Hand.

Ton lässt sich gut formen.

Organisches Material für Sandböden

Die Boden-Art und sein pH-Wert lassen sich nicht völlig verändern, aber die meisten Böden können verbessert werden. Geeignete Maßnahmen sind meist nur in einigen Bereichen des Gartens erforderlich. Die Wasserspeicherfähigkeit und der Nährstoffgehalt eines Sandbodens lassen sich am besten durch reichlich organisches Material wie Kompost, Rindensubstrat oder gut verrotteten Mist erhöhen. Der Boden kann dadurch mehr Feuchtigkeit speichern und gleichmäßiger Nährstoffe zur Verfügung stellen. Es bilden sich stabile Bodenkrümel, dadurch verbessert sich die Gesamtstruktur. Arbeiten Sie anfangs das organische Material gründlich ein, aber nach dem Bepflanzen können Sie es jedes Jahr einfach oberflächlich auftragen.

Tonböden auflockern Schwere Böden sind reich an Nährstoffen, speichern aber oft zu viel Feuchtigkeit. Dadurch verschlämmen sie bei Regen. Wenige Pflanzen vertragen ein ständig überflutetes Wurzelwerk, vor allem Gräser faulen unter solchen Bedingungen. Um die Durchlässigkeit eines Tonbodens zu verbessern, können Sie reichlich Splitt und/oder Sand einarbeiten. Dadurch wird die Erde gelockert und die Krümelbildung gefördert. Eine gute Krümelstruktur schafft Hohlräume oder Poren, durch die das Wasser leichter abfließen kann. Durch gleichzeitige Gaben von organischem Material (wie oben beschrieben) lässt sich auch die Gesamtstruktur eines Tonbodens und dadurch die Durchlässigkeit weiter verbessern.

Die Erde abmagern Verbesserungen zielen meist darauf ab, einen nährstoffreicheren Boden zu erhalten, aber manchmal ist genau das Gegenteil erforderlich. Wenn Sie eine Wiese aus Gräsern und Wildblumen anlegen wollen, müssen Sie die Bedingungen schaffen, unter denen die Blumen gegenüber den Gräsern im Vorteil sind. Auf nährstoffreichen Böden wachsen Gräser so stark, dass sie die Wildblumen unterdrücken, die auf nährstoffarmen Böden besser gedeihen. Sie können den Oberboden etwa 10–15 cm dick abtragen und ihn in einem anderen Bereich des Gartens verwenden. Der beste Weg, eine blumenreiche ein- oder zweijährige Wiese erfolgreich anzulegen, ist die Aussaat einer Wiesenmischung auf dem bloßgelegten mageren Unterboden.

Entscheidung für einen Stil

Gartenanlage ist Geschmackssache. Doch manche Flächen bieten sich für eine bestimmte Gestaltung an: Präriegärten gelingen am besten in offenen, sonnigen Lagen, während Sumpfgärten kühle und feuchte Standorte brauchen.

Wiesen und Präriebeete

Sowohl Wiesen als auch Prärien enthalten Gräser und Wildblumen. Prärien sind natürliche Gesellschaften, Wiesen entstanden erst durch die Weidewirtschaft. Beide sehen natürlich aus und etablieren sich schnell.

Für und Wider Blumenwiesen und Präriebeete sind pflegeleicht, einfach anzulegen und sie locken Tiere an. Sie eignen sich nicht für schattige und feuchte Plätze. Einjährige Wiesen müssen jährlich erneuert werden und sind im Herbst unansehnlich. Die Prärie sieht im Spätsommer am besten aus.

Standort Offene, sonnige Lagen mit durchlässigem, relativ magerem Boden eignen sich für Präriegärten und Wiesen.

Geeignete Pflanzen:

Hohe Gräser der Prärie
- *Calamagrostis* x *acutiflora* in Sorten
- *Cortaderia selloana*
- *Miscanthus sinensis*
- *Stipa gigantea*

Niedrige Wiesengräser
- *Agrostis*-Arten
- *Briza maxima, B. minor*
- *Deschampsia cespitosa*
- *Festuca*-Arten
- *Molinia caerulea*

Sumpf- oder Wassergärten

Viele Seggen, Binsen, Simsen, Rohrkolben und Schachtelhalm wachsen auf nassen Böden oder in seichtem Wasser. Nur wenige Süßgräser oder Bambus-Arten tolerieren Nässe im Wurzelbereich.

Für und Wider Üppig wirken Sumpfgärten oder Teichränder, wenn man Seggen und grasähnliche Pflanzen mit anderen Stauden des Wasserrandes kombiniert. Da viele schnell wachsen, brauchen sie regelmäßigen Rückschnitt.

Standort Sumpf- und Wasserpflanzen fühlen sich auf schweren Tonböden besonders wohl. Manche mögen volle Sonne, aber die meisten bevorzugen mindestens Halbschatten.

Geeignete Pflanzen:

Sumpf- und Wassergärten
- die meisten Sauergräser
- *Equisetum* (Schachtelhalme)
- *Juncus* (Binsen)
- *Phragmites* (Schilfrohr)

Trockener Schatten
- viele Bambus-Arten, v. a. *Fargesia, Indocalamus* und *Pleioblastus*-Arten
- *Luzula* (Hainsimsen)

Eine Wiesensaat erzielt rasch eine gute Wirkung. Sie kostet nicht viel und größere Flächen sehen fantastisch aus.

Ständig nasse Bereiche gelten als Problemzonen, aber mit geeigneten Pflanzen entstehen hübsche Bereiche.

Moderne Anlagen und Topfgärten

Gräser und Bambus passen bestens in moderne Gärten – von schlichten, minimalistischen Gestaltungen bis hin zum erweiterten Wohnraum, wo ein Holzdeck oder ein Innenhof den traditionellen Rasen ersetzen. Gefäße eignen sich für Gärten jeden Stils, und viele Gras- oder Bambus-Arten wachsen gut in Töpfen.

Für und Wider Die klaren Linien moderner Materialien wie Metall und Glas harmonieren sehr schön mit den schmalen Blättern und dem aufrechten Wuchs von Bambus und Gräsern. Schön kommen die Pflanzen in gruppenweise aufgestellten Töpfen zur Geltung. Topfpflanzen brauchen ständige Wassergaben und müssen regelmäßig geteilt und umgetopft werden.

Standort Hof-, Stadt- und Dachgärten eignen sich am besten, aber fast jeder Garten erhält durch geschicktes Arrangieren eine pfiffige Note. Mit Gefäßen gestalten Sie unabhängig vom Boden.

Geeignete Pflanzen:

- viele Bambus-Arten, v. a. *Phyllostachys*-Sorten
- die meisten Sauergräser, v. a. *Carex* und *Uncinia*
- *Calamagrostis* x *acutiflora* in Sorten
- *Cortaderia selloana* 'Pumila'
- *Elymus magellanica*
- *Fargesia*-Arten
- *Festuca*-Arten
- *Pleioblastus*-Arten

Eine schlichte Bepflanzung mit begrenzter Farbenvielfalt und rhythmisch wiederholten Pflanzengruppen liegt absolut im Trend.

Rabatten aufpeppen

Viele scheuen sich davor, Gräser in traditionelle Rabatten zu integrieren. Dabei können einige sorgfältig gewählte Gräser oder ein einzelner Bambus gemischte Pflanzungen und Beete aufwerten. Ihre Bewegung und Form bilden einen schönen Kontrast, und die Kombination wirkt, wie bei Präriegärten auch, überhaupt nicht befremdend. Das Sortiment bietet eine Reihe von Blattfarben.

Für und Wider Gräser und Bambus sorgen in traditionellen Gärten für faszinierende Kontraste zwischen Farben und Formen. Aber seien Sie vorsichtig – fügen Sie nicht zu viele Gräser ein, um den ursprünglichen Stil nicht zu verfälschen. Besonders reizvoll kann es sein, wenn eine bestimmte Art entlang der Rabatte immer wieder auftaucht.

Standort Gärten fast jeder Größe und jeden Stils, sogar sehr konventionelle, werden mithilfe einiger Gräser und exotisch aussehenden Bambus-Arten aufgewertet.

Geeignete Pflanzen:

- viele Seggen z. B. *Carex elata* 'Aurea' und *Carex oshimensis* 'Evergold'
- *Cortaderia selloana*
- *Deschampsia cespitosa*
- *Fargesia robusta*
- *Luzula sylvatica*
- *Phalaris arundinacea* var. *picta*
- *Pleioblastus viridistriatus*
- *Stipa gigantea*
- *Thamnocalamus*-Arten

Es gibt eine Fülle von Ziergräsern, die sich für alle Typen von Staudenrabatten eignen.

Gräser aus Topfkultur pflanzen

Gräser werden meist in Töpfen verkauft und sind einfach zu pflanzen. Die beste Zeit dafür ist das Frühjahr, denn dann haben sie den Sommer über Zeit zum Anwachsen. Wird erst im Herbst gepflanzt, darf der Boden nicht trocken sein.

1 Gießen Sie das Gras vor dem Auspflanzen gründlich. Heben Sie ein ausreichend großes Loch aus. Stellen Sie den Topf mit der Pflanze in das Loch, um sich wegen der richtigen Pflanztiefe zu vergewissern.

2 Holen Sie die Pflanze aus dem Topf und ziehen Sie die Wurzeln außen am Wurzelballen vorsichtig auseinander. Dadurch wachsen die Wurzeln besser in den sie umgebenden Boden ein.

3 Setzen Sie die Pflanze in die Mitte des Pflanzlochs, füllen Sie die Aushuberde wieder ein und drücken Sie sie mit der Hand leicht an. Eine Kompostbeimischung ist für Gräser absolut nicht erforderlich.

4 Das Angießen geschieht vorsichtig über den Brauseaufsatz einer Gießkanne. Dadurch wird die Erde eingeschlämmt, was den Wurzeln besseren Bodenkontakt verschafft. In der Anwachszeit öfter gießen.

Gräser teilen

Große Gräser kann man gleich beim Pflanzen teilen. Bei *Miscanthus*-Arten und -Sorten sollte man jedoch bis zum Spätsommer warten, da sie eine frühere Teilung nicht gut vertragen.

Tipp

Der frisch geteilte Grashorst sollte ein klein wenig über dem Boden stehen, um Wurzelfäule zu verhindern.

1 Nehmen Sie das Gras aus dem Topf und beachten Sie die natürliche Wuchsrichtung der Pflanze (hier *Leymus arenarius*), um sie richtig zu teilen. Von größeren Exemplaren gewinnen Sie drei oder vier Teilpflanzen.

2 Zerteilen Sie den Wurzelballen samt der Halme mit einer Säge oder einem Sägemesser entlang der beabsichtigten Trennungslinie. Die fest verwachsene Zone an der Basis ist meist nur einige Zentimeter dick.

3 Die Wurzeln selbst lassen sich leicht auseinander ziehen. Entwirren Sie den Wurzelballen vorsichtig von Hand; dadurch werden die faserigen Graswurzeln weniger beschädigt als durch einen Schnitt.

4 Setzen Sie die einzelnen Stücke in mindestens 30 cm Abstand wie gewohnt in den Boden (*siehe Seite 44–45*) und gießen Sie gründlich an. Drei oder mehr Horste erzielen sofort eine Wirkung.

Bambus in einem großen Gefäß

Bambus in Töpfen wirkt äußerst attraktiv. Er sorgt in Innenhöfen und auf Terrassen für eine exotisch-fernöstliche Atmosphäre steht in Kontrast zu anderen Topfpflanzen. Bambus ist pflegeleicht, solange man ihn nicht austrocknen lässt.

1 Wählen Sie ein passendes Gefäß aus – es muss groß genug sein, damit sich die Pflanze ausdehnen kann. Glasierte asiatische Töpfe sehen besonders gut aus. Bedecken Sie das Wasserabzugsloch mit Tonscherben.

2 Füllen Sie das Gefäß teilweise mit tonhaltiger Blumenerde auf und prüfen Sie die richtige Pflanztiefe. Die Oberkante des Wurzelballens muss sich 3–4 cm unterhalb des Topfrandes befinden.

3 Heben Sie den Bambus (hier *Pleioblastus variegatus*) aus seinem Topf. Lockern Sie den Wurzelballen, um das Anwachsen zu erleichtern. Schneiden Sie zu lange Rhizome ab, damit der Wurzelballen gut in den Topf passt.

4 Setzen Sie die Pflanze in die Mitte und füllen Sie rundherum Substrat ein, das Sie leicht andrücken. Der Wurzelballen sollte 2–3 cm hoch mit Erde bedeckt sein, denn Bambusse schieben sich mit der Zeit hoch.

Wurzelnackten Bambus pflanzen

Gärtnereien kultivieren ihre Pflanzen meist in gewachsenem Boden und verschicken sie im Frühjahr mit wenig oder ohne Erde. Wurzelnackte Pflanzen setzt man wie hier gezeigt ein.

Tipp

Drücken Sie die Erde um die Halme fest, damit die Pflanze sicher steht. Wackelige Halme stützt man mit kurzen Stäben.

1 Wickeln Sie die ballenlose Pflanze bis kurz vor dem Pflanzen in Kunststofffolie ein, damit sie feucht bleibt. Bloß gelegte Wurzeln trocknen aus und sterben rasch ab. Graben Sie ein ausreichend großes Loch für die Wurzeln.

2 Verbessern Sie die Aushuberde und die Erde am Boden des Pflanzlochs, indem Sie zwei große Handvoll Kompost, Blumenerde oder Rindensubstrat untermischen.

3 Holen Sie den Bambus aus der Kunststofffolie und setzen Sie ihn auf das Erde-Kompost-Gemisch. Achten Sie darauf, dass die Pflanze genauso tief oder nur wenig tiefer in der Erde steht als bei der Anzucht.

4 Halten Sie die Pflanze gerade und füllen Sie Erde behutsam zwischen die Halme. Es dürfen keine Hohlräume entstehen. Füllen Sie das Pflanzloch ganz mit Erde auf, die Sie dann festdrücken. Zum Schluss angießen.

Einjährige Gräser aussäen

Einjährige Gräser sät man meist direkt an Ort und Stelle. Doch noch besser ist es, dekorative einjährige Arten wie das Zittergras (*Briza maxima*) jedes Jahr im Frühjahr vorzuziehen.

Tipp

Stellen Sie frisch besäte Saatschalen während der Keimzeit im Halbschatten auf, danach können sie sonnig stehen.

1 Füllen Sie eine Saatschale oder Multitopfplatte bis einen halben Zentimeter unterhalb des Randes mit nährsalzarmer Aussaaterde und drücken Sie das Substrat leicht an, damit es sich setzt. Falls nötig füllen Sie nochmals auf.

2 Legen Sie auf die Substratoberfläche jeder Zelle vorsichtig drei oder vier Samen. Durch diese Saatdichte entwickeln sich hübsche, kompakte, kleine Grasbüschel.

3 Streuen Sie auf die Zellen eine dünne Schicht Vermiculit. Es verhindert ein allzu rasches Austrocknen der Substratoberfläche und der Samen, lässt aber noch genug Licht durch, um die Keimung in Gang zu bringen.

4 Wässern Sie gründlich mit einer feinen Brause und halten Sie die Erde feucht. Je nach Grasart dauert die Keimung einen Tag oder bis zu drei Wochen. Sobald die Sämlinge 15 cm hoch sind, werden sie verpflanzt.

Eine Wiese anlegen

Dank einer hochwertigen Saatgutmischung entstehen ohne viel Aufwand ein- oder mehrjährige Wiesen. Es braucht dazu einen nicht allzu nährstoffreichen, gut vorbereiteten Boden.

Tipp

CDs, an einer Schnur, halten Vögel von den Aussaatflächen fern. Die »High-Tech-Schrecken« blinken im Licht.

1 Mischen Sie das Wiesensaatgut mit Sand, damit Sie es gleichmäßiger ausbringen können und um die besäte Fläche zu markieren. Samen einheimischer Pflanzenarten sind für das Tierleben im Garten am wertvollsten.

2 Bereiten Sie die Aussaat sorgfältig vor: Entfernen Sie mehrjähriges Unkraut und rechen Sie gründlich für eine feinkrümelige Oberfläche. Gleichmäßiges Säen wird erleichtert durch ein Gitter aus Bambusstäben.

3 Nach der Aussaat drücken Sie mit dem Rechenrücken sanft auf den Boden, damit die Samen Bodenkontakt haben. Dabei dürfen die Samen nicht tiefer gelangen, da die meisten Arten zur Keimung Licht benötigen.

4 Gräser und Wildblumen entwickeln sich zügig innerhalb von zwei bis drei Wochen. Manche einjährigen Mischungen stehen schon nach sechs Wochen in voller Blüte. Mehrjährige Mischungen brauchen dafür womöglich zwei Jahre.

Wasserpflanzen einsetzen

Uferpflanzen wie Schilf, Rohrkolben oder Schachtelhalm wuchern gern. In kleinen Teichen und Sumpfbeeten setzt man sie besser in speziellen Pflanzkörben oder Töpfen. Die eingesenkten Gefäße beschränken die Ausbreitung.

Tipp

Nehmen Sie einen Korb aus Kunststoff oder Naturmaterial, der viel Platz bietet, aber nicht zu groß für die Pflanze ist.

1 Füllen Sie den Korb mit Sand, vermengt mit wenig humusfreier Gartenerde. Prüfen Sie die Pflanztiefe mit der ausgetopften Pflanze. Es muss noch Raum bleiben für eine 2–3 cm dicke Abdeckung aus Kies.

2 Setzen Sie die Pflanze in die Mitte des Korbes und füllen Sie rund um den Wurzelballen Substrat auf, das Sie leicht andrücken. Die Pflanze (hier ein Schachtelhalm, *Equisetum hyemale* var. *affinis*) muss gerade stehen.

3 Bedecken Sie die Substratoberfläche mit reichlich Kies oder Splitt, um die Erde zu beschweren. Das ist besonders wichtig, wenn im Teich Fische leben, denn sie wühlen gerne Substrat auf.

4 Setzen Sie den Korb vorsichtig in den Teich, sodass er unter der Wasseroberfläche steht. Die anderen Pflanzen in diesem Teich müssen ausgelichtet werden. Sie zeigen, wie schnell eine Wasserfläche zugewachsen ist.

Pflanz-vorschläge

Die hübschen Pflanzkombinationen in diesem Kapitel sind anhand der Pflanz- und Pflegetipps einfach zu verwirklichen. Die einzelnen Vorschläge können Sie problemlos auf Ihren Garten übertragen oder entsprechend anpassen. Die verschiedenen Symbole informieren über die speziellen Ansprüche der Pflanzen.

Erklärung der Symbole

🏆 Ausgezeichnet mit dem »Award of Garden Merit« der Royal Horticultural Society

Ansprüche an den Boden

- Gut durchlässiger Boden
- Frischer Boden
- Feuchter Boden

Bevorzugte Lichtverhältnisse

- Volle Sonne
- Halbschatten
- Schatten

Frosthärte

- *** Völlig winterhart
- ** Kann in milden Regionen oder an geschützten Plätzen im Freien überwintern
- * Braucht guten Winterschutz
- Verträgt keinen Frost

Rabatte nur mit Gräsern

Reine Gräserrabatten sind pflegeleicht und eignen sich für moderne wie für eher traditionelle Gärten. Ihre Wirkung beruht auf den Kontrasten zwischen Wuchshöhen und -formen (aufrecht oder überhängend), Blattgrößen und -farben sowie der Ausprägung und Färbung der Blütenstände. Bei sorgfältiger Auswahl bieten Gräserrabatten lange Zeit einen bunten und interessanten Anblick. Zusätzlich entsteht Bewegung beim leisesten Windhauch. Im gezeigten Beispiel bilden die aufrechten Formen von *Stipa calamagrostis* und *Miscanthus sinensis* 'Zebrinus' zusammen mit den überhängenden Rispen der *M. sinensis* 'Morning Light' das Grundgerüst. Im Vordergrund stehen niedrigere Gräser.

Kurz gefasst

Größe 3 x 1,5 m

Geeignet Für die meisten Gärten, besonders für moderne

Boden Gut durchlässig

Lage Volle Sonne bis leichter Schatten

Einkaufsliste

- 2 x *Stipa calamagrostis*
- 1 x *Miscanthus sinensis* 'Zebrinus'
- 1 x *Miscanthus sinensis* 'Morning Light'
- 2 x *Pennisetum alopecuroides*
- 3 x *Hakonechloa macra* 'Aureola'
- 1 x *Elymus magellanicus*

Pflanzung und Pflege

Pflanzen Sie die höheren Arten in den hinteren Bereich der Rabatte mit mindestens 45 cm Abstand für die großen Horste. Setzen Sie die niedrigeren Arten vorne ein und ergänzen Sie mit den drei langsam wachsenden *Hakonechloa* in etwa 20 cm Abstand. Eine Kiesabdeckung unterdrückt das Unkraut und setzt die Verdunstung herab. Gießen Sie im Jahr der Pflanzung. Obwohl das Laub im Herbst abstirbt, erfolgt ein Rückschnitt erst im Frühjahr. Die Gräser zeigen im Winter einen schönen Aspekt.

Stipa calamagrostis
❄❄❄ 💧 ◐ ☼ ◐

Miscanthus sinensis 'Zebrinus'
❄❄❄ 💧 ◐ ☼ 🏆

Miscanthus sinensis 'Morning Light'
❄❄❄ 💧 ◐ ☼ 🏆

Pennisetum alopecuroides
❄❄❄ 💧 ◐ ☼

Hakonechloa macra 'Aureola'
❄❄❄ ◐ ☼ ◐ 🏆

Elymus magellanicus
❄❄/❄❄❄ 💧 ◐ ☼

Gräser in einer modernen Rabatte

Eines der schönsten hohen Gräser für eine Kombination mit Blütenstauden ist das Riesen-Federgras (*Stipa gigantea*). Seine zarten, fast durchscheinenden, langlebigen, bis zu 1,8 m langen Blütenstände schweben über dem dichten Laubbusch von etwa 90 cm Höhe. In dieser einfachen, aber wirkungsvollen Bepflanzung bilden die Blüten einen duftigen Schleier, der die Krone der Birken (*Betula*) mit dem niedrigeren weiß blühenden Storchschnabel (*Geranium*) und der roten Akelei (*Aquilegia*) verbindet. Das fedrige Aussehen des Fenchellaubes (*Foeniculum*) wiederholt sich in den Rispen des Grases.

Kurz gefasst

Größe 3 x 1,5 m

Geeignet Moderne Gärten

Boden Alle Böden, nur nicht extrem nasse oder trockene

Lage Volle Sonne bis Halbschatten

Einkaufsliste

- 4 x *Stipa gigantea*
- 2 x *Betula utilis* var. *jacquemontii*
- 8 x *Aquilegia vulgaris* var. *stellata* 'Ruby Port'
- 4 x *Geranium phaeum* 'Album'
- 6 x *Foeniculum vulgare* oder *F. vulgare* 'Purpureum'

Pflanzung und Pflege

Setzen Sie zuerst die Birken mit größerem Abstand in den hinteren Bereich der Rabatte. Dazwischen soll sich eine Reihe *Stipa* schlängeln. Der Storchschnabel kommt in den Vordergrund, Fenchel und Akelei werden auf die restliche Fläche wie zufällig verteilt. Es wird ein natürliches Bild angestrebt.

Im Hochsommer ist die Blüte von Akelei und Storchschnabel vorbei, und der Fenchel erreicht die Höhe des Grases. Eine etwas düstere Stimmung entsteht, wenn Sie den grünen Fenchel durch die rotblättrige Sorte *F. vulgare* 'Purpureum' ersetzen.

Stipa gigantea
❄❄❄ 💧 ☼ 🏆

Betula utilis var. *jacquemontii*
❄❄❄ 💧 💧 ☼ ◐

Aquilegia vulgaris var. *stellata* 'Ruby Port' ❄❄❄ 💧 💧 ☼ ◐

Geranium phaeum 'Album'
❄❄❄ 💧 💧 ☼ ◐

Foeniculum vulgare
❄❄❄ 💧 ☼ ◐

Alternativer Pflanzvorschlag

Foeniculum vulgare 'Purpureum'
❄❄❄ 💧 ☼ ◐

Japanisch inspiriert

Japanische Gärten bilden die Natur in idealisierter Form ab. Die ruhige Stimmung verändert sich im Lauf der Jahreszeiten wenig. Die Betonung liegt auf dem Blattwerk in unterschiedlichen Farben, Größen und Texturen. Steine und Kies dienen als Gestaltungsmittel. Zur Dekoration wird häufig eine Steinlaterne unauffällig, aber sorgfältig platziert. Die Steinlaterne im Hintergrund steht am Ende einer Blickachse. Eingerahmt von Laub wird sie zum Blickpunkt der gesamten Anlage, ohne sie zu dominieren. Typisch für einen Garten im japanischen Stil sind außerdem Seggen, Farne, Funkien und immergrüne Japanische Azaleen.

Kurz gefasst

Größe 3x6m

Geeignet Gärten im fernöstlichen Stil

Boden Feucht und nährstoffreich

Lage Halbschatten

Einkaufsliste

- 1 x *Pleioblastus variegatus*
- 1 x *Phyllostachys bambusoides* 'Castillonii'
- 2 x *Fargesia nitida*
- 1 x *Petasites japonicus*

Pflanzung und Pflege

Der hohe *Phyllostachys* steht nah und hoch aufragend am Weg. Die beiden *Fargesia* mit feinerem Laub stehen zu beiden Seiten der Steinlaterne und rahmen diese mit ihren herabhängenden Zweigen ein. Die zwei anderen Leitpflanzen – die großblättrige Pestwurz (*Petasites*) und der niedrige *Pleioblastus variegatus* – flankieren den Weg. Dadurch lassen sie den Blick von links nach rechts, dann wieder zurück schweifen, bis er schließlich auf der Steinlaterne ruht.

Die Pflanzen brauchen während der Anwachsphase stets feuchte Erde, das welke Laub ist regelmäßig zu entfernen. Pestwurz und Bambus breiten sich rasch aus, daher muss man öfter auslichten.

Pleioblastus variegatus
❄❄❄ 💧 ◑ ☀ ● 🏆

Phyllostachys bambusoides 'Castillonii' ❄❄❄ 💧 ◑ ☼ ☀

Fargesia nitida
❄❄❄ 💧 ◑ ☼ ☀

Petasites japonicus
❄❄❄ ◑ ● ☀ ●

Ein Bambushain

Sofern genug Platz für das Höhen- und Breitenwachstum zur Verfügung steht, kann sich exotischer Bambushain entwickeln. Werden unterschiedliche Arten oder Sorten kombiniert, treten die feinen Kontraste in der Blattgröße, Pflanzenform und Halmfärbung hervor. *Phyllostachys violascens*, die größte der hier verwendeten Arten, und *Thamnocalamus* werden vor allem der farbigen Halme wegen kultiviert. Dagegen ist *Fargesia robusta* ein vielseitiger Bambus, der dichte Horste bildet.

Kurz gefasst

Größe 5x5m, breitet sich ohne Wurzelsperre stark aus

Geeignet Für mittelgroße bis große fernöstliche oder Waldgärten

Boden Durchlässig bis feucht

Einkaufsliste

- 1 x *Thamnocalamus spathiflorus*
- 3 x *Pleioblastus viridistriatus*
- 1 x *Phyllostachys violascens*
- 1 x *Fargesia robusta*

Pflanzung und Pflege

Um eine sofortige Wirkung zu erzielen, kaufen Sie große Exemplare dieser Bambus-Arten. Es kann ein bis zwei Jahre dauern, bis sie kräftig austreiben.

Legen Sie einen Weg aus Rindenmulch oder Kies an, und setzen Sie die drei hohen Arten im Abstand von mindestens 2m hinten und zu beiden Seiten des Weges ein. Platzieren Sie die niedrigere Pleioblastus-Art in gleichmäßigem Abstand davor. Anfangs wird das Ganze etwas spärlich wirken, aber provisorische »Lückenfüller« wie Gräser oder einjährige Sommerblumen kaschieren vorerst die Lücken. Man entfernt sie im gleichen Zug, wie sich die Bambuspflanzen ausbreiten. Einmal eingewachsen kommt der Bambushain nahezu ohne Pflege aus. Man muss nur alte Halme regelmäßig ausdünnen.

Thamnocalamus spathiflorus

Pleioblastus viridistriatus

Phyllostachys violascens

Fargesia robusta

Eine ausgedehnte Präriepflanzung

Diese aktuelle, pflegeleichte Gestaltung ahmt die Mischung aus hohen Gräsern und krautigen Blütenpflanzen der nordamerikanischen Prärien und der Steppen Russlands nach. Durch die großen Gräser, die reichlich Platz brauchen, entsteht eine besondere Wirkung. Das Grundgerüst dieser Rabatte bilden das Pfahlrohr (*Arundo donax* 'Versicolor') und das Riesen-Federgras (*Stipa gigantea*), aber Chinaschilf (*Miscanthus*) und Reitgras (*Calamagrostis*) eignen sich dafür genauso gut. Farbe bringen Garben (*Achillea*), Pracht-Sedum (*Sedum spectabile*) und Rudbeckien. Wie die Gräser blühen sie noch im Spätsommer.

Kurz gefasst

Größe 5 x 3 m
Geeignet Moderne und naturnahe Gärten
Boden Gut durchlässig
Lage Möglichst volle Sonne

Einkaufsliste

- 1 x *Arundo donax* var. *versicolor*
- 3 x *Stipa gigantea*
- 3 x *Achillea filipendulina* 'Goldplatte'
- 7 x *Rudbeckia fulgida* var. *sullivantii* 'Goldsturm'
- 2 x *Sedum spectabile*
- 5 x *Calamagrostis brachytricha*

Pflanzung und Pflege

Stellen Sie die Pflanzen in ihren Töpfen zunächst auf der Fläche aus. Die Verteilung soll möglichst zufällig aussehen. Gut eingewachsen vertragen Präriepflanzungen sogar extreme Trockenheit. Obwohl bei den meisten Pflanzen die oberirdischen Teile im Herbst absterben, bleiben die stabilen Blütenstände und Halme den Winter über stehen. Sie sehen mit Reifüberzug sogar sehr dekorativ aus. Die Samenstände liefern Nahrung für heimische Vögel und Insekten. Schneiden Sie die Pflanzen im zeitigen Frühjahr bis zum Boden zurück, damit sich der Neuaustrieb ungehindert entwickeln kann.

Arundo donax var. 'Versicolor'
❄❄ ◐ ● ☼ ◑

Stipa gigantea
❄❄❄ ○ ☼ 🏆

Achillea filipendulina 'Goldplatte'
❄❄❄ ○ ◐ ☼ ◑ 🏆

Rudbeckia fulgida var. *sullivantii* 'Goldsturm' ❄❄❄ ○ ◐ ☼ ◑ 🏆

Sedum spectabile
❄❄❄ ○ ◐ ☼ ◑ 🏆

Calamagrostis brachytricha
❄❄❄ ○ ◐ ☼ ◑

Ein kleines Präriebeet

Das Grundgerüst dieses schönen Präriebeetes bilden die Gräser *Stipa tenuissima* und *Anemanthele lessoniana*. Im Vergleich zu *Calamagrostis*- oder *Miscanthus*-Sorten sind sie kompakter und tragen feinere Blätter sowie duftigere Blütenstände. Kombiniert wurden sie mit »klassischen« Stauden der Prärien innerhalb einer begrenzten Farbpalette: orangerote Sonnenbraut (*Helenium*), gelbe Garbe (*Achillea*) und goldgelber Sonnenhut (*Echinacea paradoxa*). *E. purpurea*, allerdings mit purpurroten Blütenkörbchen, würde sich ebenso eignen. Durch die zufällig wirkende Anordnung wachsen Gräser und Blumen ineinander.

Kurz gefasst

Größe 1 x 1 m oder ein großer Container

Geeignet Für fast jeden Gartenstil

Boden Gut durchlässig

Lage Am besten volle Sonne

Einkaufsliste

- 2 x orangerote *Helenium*-Sorte
- 2 x *Stipa tenuissima*
- 1 x *Anemanthele lessoniana*
- 2 x *Echinacea paradoxa* oder *E. purpurea*
- 1 x *Achillea* 'Taygetea'

Pflanzung und Pflege

Pflanzen Sie zuerst die Gräser aus und fügen Sie dann die Stauden hinzu. Die Gestaltung soll möglichst natürlich erscheinen. Pflanzen Sie recht dicht: die höheren Arten hinten, die niedrigeren weiter vorne.

Diese Arten gedeihen bei Trockenheit sehr gut, aber wenn sie in einem Gefäß wachsen, brauchen sie mindestens einmal in der Woche Wasser. Der Pflegeaufwand beschränkt sich weitgehend auf das Entfernen welker Blüten, um den Flor zu verlängern. Abgestorbene Stängel schneidet man im Herbst bodennah zurück – oder man lässt sie bis zum Frühjahr stehen, denn die kahlen Gerippe schmücken sogar während der Wintermonate.

Helenium

Stipa tenuissima

Anemanthele lessoniana

Echinacea paradoxa

Achillea 'Taygetea'

Alternativer Pflanzvorschlag

Echinacea purpurea

Eine Blumenwiese

Eine Mischung aus niedrigeren Gräsern und ein- oder mehrjährigen Wildblumen ergibt eine pflegeleichte Fläche. Zierwiesen erfreuen sich dadurch zunehmender Beliebtheit. Sie ahmen artenreiche Fett- oder sogar Magerwiesen nach, die heute durch die intensive Landwirtschaft immer mehr verloren gehen. Wiesenpflanzen sind nicht nur wunderschön, sondern locken auch Tiere in den Garten. Wiesen lassen sich flexibel gestalten und passen für jede Größe – sie schmücken ein großes Gefäß oder bedecken ein ganzes Feld.

Grundsätzliches für den Garten

Größe Beliebig

Geeignet Für naturnahe, moderne und Naturgärten

Boden Durchlässig, mager

Lage Volle Sonne

Einkaufsliste

- *Avena sativa* oder andere einjährige Gräser
- *Centaurea cyanus* oder *Agrostemma githago*
- *Papaver rhoeas*
- *Leucanthemum vulgare*
- *Anthemis arvensis*

Pflanzung und Pflege

Am einfachsten gelingt eine ein- oder mehrjährige Blumenwiese durch die Aussaat auf einer freien, vorbereiteten Fläche im Frühjahr. Handelsübliche Samenmischungen kauft man im Fachhandel. Durch die direkte Aussaat entsteht ein zufälliges Artengemisch wie auf Mähwiesen.

Säen Sie die Samen gleichmäßig und dünn aus. Entfernen Sie alle Unkräuter wie Ampfer, Brennnesseln und Disteln. Halten Sie das Keimbett anfangs feucht. Danach gibt es kaum etwas zu tun, abgesehen vom bodennahen Rückschnitt der Pflanzen im Herbst und dem Kompostieren des abgestorbenen Materials.

Avena sativa (Saat-Hafer)
❄❄❄ 💧 ☀

Centaurea cyanus (Kornblume)
❄❄❄ 💧 ☀

Papaver rhoeas (Klatsch-Mohn)
❄❄❄ 💧 ☀

Leucanthemum vulgare (Margerite)
❄❄❄ 💧 ☀

Anthemis arvensis (Acker-Hundskamille) ❄❄❄ 💧 ☀

Alternativer Pflanzvorschlag

Agrostemma githago (Kornrade)
❄❄❄ 💧 ☀

Sommerlicher Kiesgarten

Gräser, besonders die hoch wachsenden, können über Kies prächtig aussehen. Der Belag hebt ihre Gestalt sehr schön hervor. Für so eine Situation wählt man Gräser mit unterschiedlichen Wuchshöhen, Formen und Blütenständen. Hier stehen *Stipa gigantea*, *S. tenuissima* und *Calamagrostis* in voller Blüte, während *Miscanthus* noch nicht so weit ist.

Kurz gefasst

Größe 4 x 3 m

Geeignet Für naturnahe und moderne Gärten

Boden Gut durchlässig

Lage Am besten volle Sonne

Einkaufsliste

- 1 x *Calamagrostis* x *acutiflora* 'Karl Foerster'
- 3 x *Miscanthus sinensis*
- 1 x *Stipa gigantea*
- 4 x *Stipa tenuissima*

Pflanzung und Pflege

Vor der Pflanzung breiten Sie über der Pflanzfläche ein wasserdurchlässiges Gartenvlies aus, um das Aufkommen von Unkraut zu unterdrücken. Schneiden Sie in das Vlies an den Pflanzstellen kreuzweise Schlitze ein, und setzen Sie die Gräser hinein. Wenn Sie wollen, dass der Kies sichtbar bleibt, lassen Sie zwischen den Pflanzen einen Abstand von mindestens 90 cm. Soll aber eine große Gruppe aus derselben Pflanze entstehen (wie hier bei *Miscanthus*), pflanzt man die Gräser näher beieinander. Bringen Sie anschließend eine mindestens 5–7 cm dicke Schicht aus Feinkies auf. *Stipa tenuissima* eignet sich hervorragend für den Vordergrund. Ebenso passt *Stipa gigantea* für den vorderen Bereich.

Kiesgärten brauchen wenig Pflege, sobald sie eingewachsen sind. Diese Anlage braucht nur im zeitigen Frühjahr einen Rückschnitt.

Calamagrostis x *acutiflora* 'Karl Foerster' ❄❄❄ 💧 ☼

Miscanthus sinensis ❄❄❄ 💧 ◐ ☼ ◑

Stipa gigantea ❄❄❄ 💧 ☼

Stipa tenuissima ❄❄❄ 💧 ◐ ☼ ◑

Blattformen für kleine Bereiche

Diese aparte Gruppe eignet sich für eine Lücke im Holzdeck ebenso wie für ein großes Gefäß oder ein kleines Hochbeet. Ihre Wirkung beruht auf dem Nebeneinander verschiedener Blattformen und -farben.

Blau-Schwingel (*Festuca glauca*) und das Sauergras *Uncinia* rubra bilden einen Kontrast zu den weiß gemaserten Blättern der Funkien und den federigen Blütenrispen der Astilbe. Die breiteren Blätter des Neuseelandflachses (*Phormium* 'Bronze Baby') greift die Form von *Uncinia* wieder auf. Er wird in einigen Jahren zu groß sein und muss dann entfernt werden. Für Kontrast sorgen außerdem die gefiederten Farnwedel.

Kurz gefasst

Größe 90x45cm

Geeignet Für moderne und natürliche Gärten oder Gefäße

Boden Feucht, aber durchlässig

Lage Sonne bis Schatten

Einkaufsliste

- 1 x rosa blühende *Astilbe*
- 1 x *Phormium* 'Bronze Baby'
- 1 x *Uncinia rubra*
- 1 x *Festuca glauca*
- 1 x *Woodsia polystichoides*
- 3 x *Hosta* 'Patriot'

Pflanzung und Pflege

Bei diesem Vorschlag für kleine Bereiche sollten Sie die Pflanzen eng aneinander platzieren. Setzen Sie die mittlere Pflanze zuerst ein und platzieren Sie danach die Funkien, den Farn und das Sauergras so, dass das Laub etwas über den Deckrand fällt. Bedecken Sie die Erde mit Rindenmulch. Funkien, Farn und *Uncinia* mögen feuchte Böden, Blau-Schwingel und Neuseelandflachs lieben es eher trocken. Gießen Sie daher vorsichtig, sodass der Boden gleichmäßig feucht ist. Zu groß gewordene Pflanzen gleich zurückschneiden.

Astilbe

Phormium 'Bronze Baby'

Uncinia rubra

Festuca glauca

Woodsia polystichoides

Hosta 'Patriot'

Eindrucksvolle Kombinationen

Diese Gruppe veranschaulicht die visuelle Stärke eines großen Bambushorstes, sofern genug Platz vorhanden ist. Der Bambus wird von unauffälligen, niedrigen Pflanzen zu seinen Füßen begleitet. Die Unterpflanzung unterdrückt das Wachstum von Beikräutern und schafft einen Hintergrund; wählen Sie aber die Begleitpflanzen sorgfältig aus, da der Boden am Fuße eines großen Bambushorstes gewöhnlich trocken ist. Vermeiden Sie kräftige Blatt- und Blütenfarben, damit die Betonung voll und ganz auf dem Bambus liegt. Das gilt besonders, wenn man wie hier die unteren Zweige entfernt, damit die Halme zur Geltung kommen. Einige der Halme sind unten seltsam gekrümmt, was für ein zusätzliches Spannungsmoment sorgt.

Kurz gefasst

Größe 3 x 1,5 m

Geeignet Für natürliche Waldgärten und große moderne Gärten

Boden Gut durchlässig bis feucht

Lage Volle Sonne bis Halbschatten

Einkaufsliste

- 1 x *Phyllostachys aureosulcata* oder *Pseudosasa japonica*
- 1 x *Anemanthele lessoniana*
- 4 x *Erigeron karvinskianus*

Pflanzung und Pflege

Eine ähnliche Bepflanzung lässt sich mit einem mittelgroßen bis hohen Bambus in fast jedem Teil eines geräumigen Gartens realisieren. Der Horst darf sich (wie hier) in einer offenen Lage am Rand eines Gehölzbereichs ausbreiten, oder Sie halten ihn durch regelmäßigen Schnitt im Zaum. Um rasch eine Wirkung zu erzielen, kaufen Sie einen recht großen Bambus, den Sie zuerst pflanzen. Danach setzen Sie *Anemanthele* und *Erigeron* (eine etwas frostempfindliche Art aus Mexiko) in regelmäßigen Abständen. Je nach Geschmack schneiden Sie die unteren Zweige des Bambus.

Phyllostachys aureosulcata
❄❄❄ 💧 ◐ ☼ ◐

Anemanthele lessoniana
❄❄/❄❄❄ 💧 ◐ ☼ ◐

Erigeron karvinskianus
❄❄/❄❄❄ 💧 ◐ ☼ ◐ 🏆

Alternativer Pflanzvorschlag

Pseudosasa japonica
❄❄❄ 💧 ◐ ☼ ◐ 🏆

Schirm mit Federkrone

Diese einfache, doch eindrucksvolle Bepflanzung bildet einen Sichtschutz aus Pampasgras und Seggen. Die spätblühenden Stauden im Vordergrund glänzen vom Spätsommer bis in den Herbst mit ihren Blüten.

Das Pampasgras (*Cortaderia selloana*) wurde in den 1970er-Jahren sehr viel gepflanzt und erscheint etwas unzeitgemäß. Schade, denn in Gruppen wirkt es wunderschön als Abtrennung oder Sichtschutz. 'Sunningdale Silver' entwickelt ziemlich kompakten Blütenstände. Ihre grau-grün gestreiften Blätter und die weißen Blüten bilden einen starken Kontrast zu den roten Dahlien, die mit den flachen Blütenständen von *Sedum* und mit der Segge (*Carex elata* 'Aurea') im Vordergrund wunderbar harmonieren.

Kurz gefasst

Größe 3 x 2 m

Geeignet Für formale und natürliche Gärten als Sichtschutz oder Trennelement

Boden Gut durchlässig bis feucht

Lage Volle Sonne bis Halbschatten

Einkaufsliste

- 3 x *Cortaderia selloana* 'Sunningdale Silver'
- 3 x *Dahlia* 'Bishop of Llandaff'
- 2 x *Sedum* 'Herbstfreude'
- 2 x *Carex elata* 'Aurea'

Pflanzung und Pflege

Verteilen Sie das Pampasgras entlang der vorgesehenen Linie und lassen Sie dazwischen einen Abstand von etwa 1 m. Verwenden Sie mehr und enger aneinander gesetzte Pflanzen, wenn Sie eine sofortige Wirkung erzielen wollen. Setzen Sie die Dahlien als Gruppe mit mindestens 60 cm Abstand vor das Pampasgras. Bedenken Sie, dass man die Dahlienknollen im Herbst aus der Erde nehmen muss und sie im Winter frostfrei lagert. Pflanzen Sie *Sedum* und Seggen in den Vordergrund.

Cortaderia selloana 'Sunningdale Silver'

Dahlia 'Bishop of Llandaff'

Sedum 'Herbstfreude'

Carex elata 'Aurea'

Tarnung mit Bambus

Eine Gruppe aus Bambus und Gräsern kann sehr hübsch aussehen, aber auch einen praktischen Zweck erfüllen und beispielsweise ein Gartenhaus dekorativ kaschieren. *Fargesia murieliae* mit ihrer eleganten, überhängenden Form und die eher aufrecht wachsende Art *Phyllostachys aureosulcata* fo. *aureocaulis* vermengen sich in der Mitte der Rabatte. Ihre niedrigeren Triebe wurden abgeschnitten, damit Platz entsteht für die Unterpflanzung mit Federborstengras, Strandroggen und den neuseeländischen Seggen.

Kurz gefasst

Größe 4 x 2 m

Geeignet Für natürliche, moderne und fernöstliche Gärten

Boden Gut durchlässig

Lage Volle Sonne bis Halbschatten

Einkaufsliste

- 1 x *Fargesia murielae*
- 1 x *Phyllostachys aureosulcata* fo. *aureocaulis*
- 1 x *Pennisetum alopecuroides* 'Hameln'
- 1 x *Leymus arenarius*
- 2 x *Carex buchananii*
- 3 x *Carex comans*

Pflanzung und Pflege

Pflanzen Sie die beiden Bambusse in die Mitte und dicht aneinander, sodass sie möglichst viel Sichtschutz bieten. Stellen Sie zunächst die Töpfe aus: Die höheren Gräser *Carex buchananii* und *Leymus* platzieren Sie direkt neben den Bambus, die niedrigeren Pflanzen dagegen eher am Rand des Beetes. Wenn Sie mit der Lage zufrieden sind, pflanzen Sie sie der Reihe nach von der Mitte nach außen. Diese Gruppe stellt kaum Anforderungen. Schneiden Sie einfach die sommergrünen Gräser im Frühjahr zurück, entfernen Sie das tote Laub der Seggen und lästige Bambusausläufer.

Fargesia murieliae

Phyllostachys aureosulcata fo. *aureocaulis*

Pennisetum alopecuroides 'Hameln'

Leymus arenarius

Carex buchananii

Carex comans

Elegante Sommerschau

Diese raffinierte Zusammenstellung aus nur vier Pflanzenarten bietet dennoch lange Zeit einen interessanten und kontrastreichen Anblick. Ihren Höhepunkt erreicht sie im Hochsommer. Bis dahin werden die Blütenkugeln des Zier-Lauchs bereits verwelkt sein. Dennoch bewahren sie ihre runde Form, die im Kontrast steht zu den aufrechten, schwertförmigen Blättern sowie den leuchtend roten Blüten der Montbretien (*Crocosmia*). Die wogenden Blütenstände von *Stipa gigantea* und *S. tenuissima* rahmen die Montbretien oben und unten ein. Sie haben noch lange nach dem Welken der Blütenstauden Bestand.

Kurz gefasst

Größe 2 x 2 m

Geeignet Für natürliche, moderne Gärten und Anlagen im Präriestil

Boden Gut durchlässig

Lage Volle Sonne

Einkaufsliste

- 1 x *Stipa gigantea*
- 2 x *Crocosmia* 'Lucifer'
- 6 x *Allium* bulbs, z. B. *A. giganteum*
- 2 x *Stipa tenuissima*

Pflanzung und Pflege

Pflanzen Sie *Stipa giganteum* in die Mitte des Beetes, *Crocosmia* und *Stipa tenuissima* kommen in den vorderen Bereich und an die Seiten. Alle hier verwendeten Pflanzen sind recht wüchsig und vertragen es, wenn sie dicht beieinander stehen.

Um eine möglichst natürliche Wirkung zu erzielen, sollten Sie die Zwiebeln des Zier-Lauchs vor den Montbretien ausstreuen und dort einpflanzen, wo sie gerade zu fallen kommen. Die violetten Blütendolden bringen schon früh Farbe in diese Kombination, die mit den frisch grünen Blättern der anderen Pflanzen im Spätfrühling wunderbar harmoniert.

Stipa gigantea

Crocosmia 'Lucifer'

Allium

Stipa tenuissima

Künstlerische Inspirationen

Malerisch komponiert, bringen die Gräser Bewegung und Struktur in eine Staudenpflanzung. Einige wenige Arten wurden hier rhythmisch wiederholt gepflanzt.

Dabei tritt *Stipa gigantea* durch ihre Wuchshöhe deutlich hervor, doch ihre durchscheinenden Blütenstände verhindern, dass sie zu sehr dominiert. Zier-Lauch mit kugeligen Blütenständen betont ebenfalls die Vertikale, während die gelben Blätter der Steif-Segge (*Carex elata* 'Aurea') im Kontrast zu den Blattformen und -farben der *Astrantia*, des rotlaubigen Knöterichs und der stahlblauen *Perovskia* stehen.

Kurz gefasst

Größe 4x4m

Geeignet Für naturnahe und moderne Gärten

Boden Feucht, aber durchlässig

Lage Volle Sonne bis Halbschatten

Einkaufsliste

- 2 x *Stipa gigantea*
- 3 x *Perovskia* 'Blue Spire'
- 2 x *Persicaria microcephala* 'Red Dragon'
- 8–12 x *Allium giganteum*
- 5 x *Astrantia* 'Hadspen Blood'
- 3 x *Carex elata* 'Aurea'

Pflanzung und Pflege

So ein Beet muss dicht bepflanzt werden, um gut zu wirken. Setzen Sie zuerst die *Stipa* ein, die Perovskien dahinter und davor den Knöterich. Setzen Sie mehrere Exemplare einer Art zusammen, aber lassen Sie die einzelnen Gruppen ineinander wachsen, damit ein natürlicher Eindruck entsteht. Seggen und Sterndolden setzt man in den Vordergrund.

Die Pflanzen wachsen so dicht, dass Sie wüchsigere Arten wie *Perovskia* und *Persicaria* wahrscheinlich zurückschneiden müssen. In Trockenzeiten sind oft zusätzliche Wassergaben erforderlich.

Stipa gigantea

Perovskia 'Blue Spire'

Persicaria microcephala 'Red Dragon'

Allium giganteum

Astrantia 'Hadspen Blood'

Carex elata 'Aurea'

Design für Gefäße

Diese schlichte, aber wahrhaft elegante Gruppe mit verschiedenen Gräsern in Töpfen vor einem Bambushain könnte fast in jeden Garten passen.

Der Bambus *Fargesia nitida* bildet einen immergrünen Hintergrund für die Steif-Segge (*Carex elata* 'Aurea'), die aus dem größten der Gefäße herausquillt, für die stahlblaue Haargerste (*Elymus magellanicus*) sowie das überhängende gelb-grün gestreifte Pfeifengras (*Molinia caerulea*) davor. Die eigentliche Wirkung beruht auf dem Kontrast der Blattfarben.

Kurz gefasst

Größe 1 x 1 m große Ecke eines Innenhofs oder Holzdecks

Geeignet Für moderne, naturnahe und fernöstliche Gärten

Boden Tonhaltige Pflanzerde

Lage Volle Sonne bis Halbschatten

Einkaufsliste

- 2 x *Fargesia nitida*
- 1 x *Carex elata* 'Aurea'
- 1 x *Molinia caerulea* subsp. *caerulea* 'Variegata'
- 1 x *Elymus magellanicus*

Pflanzung und Pflege

Setzen Sie als Hintergrund für die Gefäße zwei Bambuspflanzen in den Boden. Wählen Sie drei Töpfe aus demselben Material, aber in verschiedenen Größen aus, wobei der größte einen Durchmesser von etwa 30 cm haben sollte. Glasierte Gefäße im asiatischen Stil und verzinkte Metalltöpfe eignen sich genauso gut wie Terrakotta. Füllen Sie in jedes Gefäß bis zur Hälfte gute, tonhaltige Erde. Pflanzen Sie die Segge in den größten Topf, die Haargerste in den mittleren und das Pfeifengras in den kleinsten. Arrangieren Sie die Gefäße nach Ihrem Geschmack. Alle drei Arten sind sommergrün und sterben im Winter ab.

Fargesia nitida
❄❄❄ ◊ ◐ ☼ ◑

Carex elata 'Aurea'
❄❄❄ ◐ ♦ ◑ ☀ 🏆

Molinia caerulea subsp. *caerulea* 'Variegata' ❄❄❄ ◊ ◐ ☼ 🏆

Elymus magellanicus
❄❄/❄❄❄ ◊ ◐ ☼

Gefäß mit Blumen und Gräsern

Gräser und einjährige Sommerblumen wirken in Kombination sehr reizvoll. Sie können jedes Jahr neue Varianten ausprobieren.

In dieser unaufdringlichen, aber überaus ansehnlichen Bepflanzung bilden die fedrigen Blütenrispen von *Stipa tenuissima* den Hintergrund für die weinroten Blüten der *Verbena* 'Diamond Merci'. Die kleinen weißen Blüten von *Sutera cordata* 'Snowflake' dürfen dekorativ über den Gefäßrand herabhängen. Für diese Art von Pflanzung eignen sich auch andere Gräser wie *Pennisetum villosum* oder *Deschampsia*.

Grundsätzliches für Gefäße

Größe Großes Gefäß von mindestens 25 cm Durchmesser

Geeignet Für moderne, natürliche und Bauerngärten

Boden Einheitserde

Lage Volle Sonne bis Halbschatten

Einkaufsliste

- 1 x *Stipa tenuissima* or *Pennisetum villosum*
- 3 x *Verbena* 'Diamond Merci'
- 3 x *Sutera cordata* 'Snowflake'

Pflanzung und Pflege

Das mehrjährige Federgras (*Stipa*) kann als Dauerbepflanzung im Gefäß bleiben. Sobald keine Frostgefahr mehr besteht, setzen Sie jedes Jahr im Frühsommer neue einjährige Begleiter hinzu. Setzen Sie die Gräser in den hinteren Bereich des Gefäßes, sodass vorne und an den Seiten ausreichend Platz bleibt. Pflanzen Sie die Verbenen vor das Gras, damit *Sutera cordata* an den Seiten über den Rand hängen kann. Gießen und düngen Sie die Pflanzen in den Sommermonaten regelmäßig und entfernen Sie welke Blütenstände der Verbenen, damit sie ständig nachblüht. Die unansehnlich gewordenen Einjährigen werden im Herbst entfernt.

Stipa tenuissima

Verbena 'Diamond Merci'

Sutera cordata 'Snowflake'

Alternativer Pflanzvorschlag

Pennisetum villosum

Tropische Mischung

Die vier in dieser Kombination verwendeten Pflanzen sind alle winterhart, wirken jedoch sehr tropisch. Diese blütenlose Gruppe erzielt ihre Wirkung durch gegensätzliche Pflanzenformen, Blattstrukturen und -farben. Der gedrungene Stamm des Baumfarns (*Dicksonia antarctica*) ergänzt die aufrechte Form von *Phormium* und *Miscanthus*. Der Farn bildet im Gegensatz dazu einen Trichter aus überhängenden Wedeln, der mit dem ausladenden Wuchs der Bambuspflanze (*Phyllostachys nigra*) verschmilzt.

Kurz gefasst

Größe 4 x 3 m

Geeignet Für moderne, subtropische und naturnahe Gärten

Boden Feuchtigkeit haltend

Lage Halbschatten

Einkaufsliste

- 1 x *Dicksonia antarctica*
- 1 x *Phyllostachys nigra*
- 1 x *Phormium tenax* 'Variegatum'
- 1 x *Miscanthus sinensis* 'Zebrinus'

Pflanzung und Pflege

Diese Pflanzen werden sehr groß, wenn sie ausgewachsen sind. Setzen Sie sie daher in weitem Abstand zueinander. Platzieren Sie den Baumfarn im hinteren Bereich des Beetes, vielleicht sogar leicht nach außen geneigt. Pflanzen Sie den Bambus hinten in die andere Ecke der Rabatte, in mindestens 2 m Entfernung vom Baumfarn. Setzen Sie Neuseelandflachs vor den Baumfarn und das Chinaschilf zwischen den Bambus und den Baumfarn.

Diese Gruppe ist ziemlich pflegeleicht, nur muss der Baumfarn in Trockenzeiten gegossen werden – wässern Sie die Krone mit den Wedeln und nicht den Stammgrund. *Dicksonia* ist nicht zuverlässig winterhart. Hüllen Sie daher im Herbst den Stamm mit den Wedeln mit Vlies ein oder packen Sie die Pflanze in Stroh ein, das Sie mit Hasengitter befestigen.

Dicksonia antarctica

Phyllostachys nigra

Phormium tenax 'Variegatum'

Miscanthus sinensis 'Zebrinus'

Dschungeleffekt

Schattenverträgliche Seggen und Hainsimsen wachsen hier vor ornamentalen Bambus-Arten. Dadurch entsteht eine überquellende Urwaldatmosphäre. Diese Gruppe würde in einem subtropisch anmutenden Garten mit großblättrigen Gewächsen großartig aussehen, aber auch in einem schattigen Innenhof kommt sie gut zur Geltung.

Die Bambuspflanzen wachsen mit der Zeit dicht ineinander und bilden einen Sichtschutz. Die Seggen und Hainsimsen schließen die Lücken und werden zu dauerhaften Bodendeckern, die Unkraut unterdrücken.

Kurz gefasst

Größe 3 x 1,5 m, vor einer Mauer oder als Trennwand im Garten

Geeignet Für moderne, subtropische und fernöstliche Gärten

Boden Durchlässig bis feucht

Lage Halbschatten bis Schatten

Einkaufsliste

- 1 x *Phyllostachys bambusoides* oder *Fargesia murielae*
- 1 x *Phyllostachys nigra*
- 3 x *Carex oshimensis* 'Evergold'
- 2 x *Luzula nivea*
- 3 x *Luzula sylvatica*

Pflanzung und Pflege

Setzen Sie zuerst die beiden Bambus-Arten in den Beethintergrund. Halten Sie mindestens 1 m Abstand ein, damit sie Platz zum Ausbreiten haben. Pflanzen Sie die Hainsimsen (*Luzula*) zu beiden Seiten und die Seggen (*Carex*) in die Mitte. Da diese Gewächse sich ebenfalls stark ausbreiten, muss dazwischen genug Raum frei bleiben. Bringen Sie über den Boden Rindenmulch auf, damit kein Unkraut aufkeimen kann. Bambus und Hainsimse vertragen Trockenheit, wenn sie eingewachsen sind, die Segge benötigt aber in Trockenzeiten Wasser. Die Hainsimsen können sich rasch ausbreiten und müssen kontrolliert werden.

Phyllostachys bambusoides

Phyllostachys nigra

Carex oshimensis 'Evergold'

Luzula nivea

Luzula sylvatica

Alternativer Pflanzvorschlag

Fargesia murielae

Naturnahes Sumpfbeet

Diese kleine aparte Gruppe aus grünlaubigen Pflanzen verleiht einem kleinen Teich oder einem Bachlauf ein natürliches Erscheinungsbild. Die herzförmigen Blätter der *Houttuynia cordata* sind sowohl im vorderen als auch hinteren Bereich zu sehen – diese Art von Wiederholung schafft eine visuelle Verknüpfung. Die buntlaubige Sorte 'Chamäleon' ist zwar weiter verbreitet, würde aber hier zu dominant wirken. Die breiten Blätter der einfarbigen Art hingegen bilden einen schönen Kontrast zu den aufrechten Halmen des Schachtelhalms (*Equisetum*), während die noch breiteren Blätter der Kalla (*Zantedeschia*), der Funkie (*Hosta*) und der Pestwurz (*Petasites*) das Bild vervollständigen.

Kurz gefasst

Größe 2 x 2 m, an einem Teich oder Bach

Geeignet Für Sumpf- oder Wassergärten, naturnahe Gärten

Boden Feucht bis nass

Lage Volle Sonne bis Halbschatten

Einkaufsliste

- 1 x *Zantedeschia aethiopica* 'Crowborough'
- 1 x *Hosta sieboldiana*
- 1 x *Equisetum hyemale* var. *affine*
- 1 x *Carex glauca*
- 1 x *Petasites japonicus*
- 3 x *Houttuynia cordata*

Pflanzung und Pflege

Der Schachtelhalm gedeiht in einem Pflanzkorb *(siehe Seite 56–57)*, der ins Wasser eingesenkt wird. Setzen Sie die restlichen Pflanzen zum Gewässerrand hin ein, die Pestwurz vorne links, eine Houttuynie und die Segge vorne rechts. Pflanzen Sie die andere Houttuynie, die Kalla und die Funkie hinten ein.

Der Teichrand kann bei warmer Witterung austrocknen und Teichwasser verdunstet allmählich; füllen Sie daher regelmäßig Wasser nach.

Zantedeschia aethiopica 'Crowborough'
❄❄ / ❄❄❄ 💧💧 ☼ ◑ 🏆

Hosta sieboldiana
❄❄❄ 💧 ☼ ◑

Equisetum hyemale var. *affine*
❄❄❄ 💧💧 ☼ ◑

Carex glauca
❄❄❄ 💧💧 ☼ ◑

Petasites japonicus
❄❄❄ 💧💧 ☼ ◑

Houttuynia cordata
❄❄❄ 💧💧 ☼ ◑

Moderne Bepflanzung am Teichrand

Diese absolut trendige Teichbepflanzung muss nicht jedem gefallen, doch sie setzt Blattfarben und einen sich widerspiegelnden Sichtschutz herrlich in Szene. Dadurch entsteht eine etwas düstere, melancholische Atmosphäre.

Die zwei gelblaubigen Japanischen Fächer-Ahorne, die Gruppen aus Schmielen (*Deschampsia*) und die rotlaubigen Purpurglöckchen (*Heuchera*) bilden das Grundgerüst. *Heuchera* und Blau-Schwingel (*Festuca glauca*) greifen die Blautöne der Kieselsteine am Grund und am Rand des Teiches auf.

Kurz gefasst

Größe 4 x 3 m, am Teichrand

Geeignet Für moderne Gärten

Boden Feuchtigkeit haltend

Lage Volle Sonne bis Halbschatten

Einkaufsliste

- 4 x *Deschampsia flexuosa* 'Tatra Gold'
- 6 x *Deschampsia cespitosa* 'Goldtau'
- 2 x *Acer shirasawanum* 'Aureum'
- 4 x *Heuchera micrantha* var. *diversifolia* 'Palace Purple'
- 3 x *Festuca glauca* 'Blaufuchs'
- 2 x *Hosta* 'August Moon'

Pflanzung und Pflege

Pflanzen Sie die vier *Heuchera* am Wasserrand eher in den Hintergrund und dahinter, gleichmäßig verteilt, die sechs *Deschampsia cespitosa* 'Goldtau'. Die gelbblättrigen 'Tatra Gold' sollen an der Teichausbuchtung eine Gruppe bilden. Den Vordergrund bildet eine Mischung aus den gegensätzlichen Blattformen von Ahorn und Funkien am Teichufer sowie den Blau-Schwingeln dahinter und dazwischen. Den Boden bedeckt eine dekorative Mulchschicht.

Gießen Sie die Pflanzen gründlich während der Anwachsphase sowie in Trockenzeiten, und füllen Sie rechtzeitig Wasser im Teich nach. Die Schmielen schneidet man im Spätherbst zurück.

Deschampsia flexuosa 'Tatra Gold'

Deschampsia cespitosa 'Goldtau'

Acer shirasawanum 'Aureum'

Heuchera micrantha var. *diversifolia* 'Palace Purple'

Festuca glauca 'Blaufuchs'

Hosta 'August Moon'

Die richtige Pflege

Sachgerecht gepflegt zeigen sich Bambus, Gräser und grasähnliche Pflanzen von ihrer besten Seite. Die meisten der hier vorgestellten Pflanzen sind pflegeleicht, aber ein wenig Aufmerksamkeit, besonders im Frühling und Herbst, macht sich bemerkbar. Weit streifende Bambusausläufer muss man unter Kontrolle halten, alte Gras- und Bambushalme sollte man im Spätwinter entfernen, damit sich der Neuaustrieb entwickeln kann. Pflanzen in Gefäßen müssen gelegentlich umgetopft werden.

Pflege von Bambus

Sobald sie gut eingewurzelt sind, vertragen Bambus und Gräser Trockenheit recht gut und brauchen nur in ausgesprochenen Dürrezeiten Wasser. Frisch gepflanzte Exemplare hält man im ersten Sommer feucht.

Düngen durch Mulchen Eine Mulchauflage aus organischem Material wie Gartenkompost, Rindenkompost (*rechts*) oder verrottetem Mist hält den Boden feucht und gibt beim Zersetzen langsam Nährstoffe ab. Eine 5–7 cm dicke Schicht aus Rindenkompost liefert einem Bambus das ganze Jahr die nötigen Nährstoffe. Abgestorbenes Bambuslaub *(unten)* eignet sich hervorragend als Mulch für den Bambus.

Bewässerung Am einfachsten ist eine Gießkanne zu handhaben *(unten links)*. Man kann punktgenau den Wurzelballen wässern, ohne das Laub zu benässen. Besser gießen Sie ein- oder zweimal in der Woche gründlich. Wird öfter nur wenig Wasser verabreicht, wachsen die Wurzeln zur Oberfläche hin und die Pflanze leidet stärker in Trockenzeiten. Tropfvorrichtungen *(unten Mitte)* können genau am richtigen Platz installiert werden. Tropfschläuche *(unten rechts)* eignen sich gut für eine flächige Bewässerung unter einer Mulchschicht.

Gießen Sie direkt an der Pflanzenbasis, sodass der Wurzelballen benässt wird.

Die sehr effektive Tropfbewässerung eignet sich für Beete und für Topfpflanzen.

Tropfschläuche bewässern ohne viel Aufwand ganze Rabatten und Sumpfbeete.

Dünger für Topfpflanzen

Topfpflanzen haben einen begrenzten Wurzelraum und nur eine bestimmte Menge an Substrat, aus dem sie Nährstoffe entnehmen können. Daher sind Düngergaben lebenswichtig. Verabreichen Sie regelmäßig einen Flüssigdünger mit dem Gießwasser oder geben Sie Langzeitdünger in Granulatform, der Nährstoffe allmählich an die Erde abgibt. Sie können diesen beim Umtopfen unter das Substrat mischen. Pflanzen in Töpfen müssen öfter gegossen werden. Ihr Wurzelwerk kann eben nicht in tiefere Bodenschichten eindringen, um sich Wasser zu holen.

Pflege von Gräsern

Gräser gehören zu den pflegeleichtesten Gartengewächsen, was aber nicht heißt, dass sie gar keiner Pflege bedürfen: Mit ein wenig Aufmerksamkeit kommen sie voll zur Geltung.

Übermäßiger Selbstaussaat vorbeugen Manche Gräser wie diese Hainsimse (*Luzula nivea*) bilden unzählige Samen, aus denen unerwünschte Sämlinge keimen. Vorbeugend können Sie welke Blütenstände mit einer Schere abschneiden, bevor die Samen ausfallen.

Zeichen für Stress erkennen
Gesundes Gras hat gewöhnlich flache und bis zur Spitze durchgehend grüne Blätter *(rechts)*. In Trockenperioden können sich die Blätter vieler Grasarten einrollen *(ganz rechts)* – ein Zeichen dafür, dass die Pflanze unter Stress steht. Durch die verkleinerte Blattoberfläche sinkt tatsächlich der Feuchtigkeitsverlust, die Blätter schützen sich zugleich vor der austrocknenden Wirkung von Sonne und Wind. Bei übermäßiger Nässe im Wurzelbereich, besonders nach einem regnerischen Winter, verfärben sich die eingerollten Blätter zusätzlich gelb oder braun. Die Pflanze sollte dann einen trockeneren Platz bekommen.

Gesundes Gras mit flachem, grünem Laub.

Unter Stress rollen sich die Blätter ein.

Entfernen von totem oder krankem Laub Sogar die Blätter von immergrünen Gräsern oder grasähnlichen Pflanzen haben eine beschränkte Lebensdauer und sterben von der Spitze her ab. Kappen Sie gelbe oder braune Bereiche mit der Schere oder entfernen das ganze Blatt.

Frühjahrsputz Älteres Laub kann im Winter verbräunen. Kleine Pflanzen wie manche Seggen, Hainsimse und Schlangenbart können Sie gründlich ausputzen. Bei größeren Arten wie diesem Schwingel (*Festuca*) kämmt man den Horst mit einem Fächerbesen einfach durch.

Sommergrüne Gräser zurückschneiden

Sommergrüne Gräser müssen zurückgeschnitten werden, wenn sie sich von ihrer besten Seite zeigen sollen. Das kann entweder im Spätherbst oder besser im zeitigen Frühjahr geschehen, damit sie den Winter über noch schmücken.

Tipp

Sind die toten Halme eines horstigen, sommergrünen Grases umgekippt, entfernt man sie mithilfe eines Fächerbesens.

1 Im zeitigen Frühjahr werden bei hohen Gräsern wie *Miscanthus* oder *Stipa* die braunen Halme mit einer Gartenschere knapp über dem Boden abgeschnitten. Achten Sie darauf, dass Sie neue Triebe nicht beschädigen.

2 Gehen Sie beim Entfernen der alten Triebe systematisch vor (man kann sie kompostieren). Manche Gräser können nach dem Rückschnitt geteilt werden, aber Chinaschilf sollte man während des Wachstums teilen.

Alternative Methoden

Die dicken Halme oder scharfkantigen Blätter von hohem Chinaschilf oder Pampasgras sind für die Gartenschere (und für unsere Haut) oft zu hart. Tragen Sie daher Handschuhe und verwenden Sie eine Astschere.

Wenn Sie mehrere Gräser schneiden müssen, geht es mit einer elektrischen Heckenschere schneller. Schneiden Sie die Halme etwas höher an als mit der Gartenschere, um den Neuaustrieb nicht zu verletzen.

Bambus schneiden und ausputzen

Viele Gartenfreunde scheuen sich davor, Bambus zu schneiden. Doch keine Angst: Die meisten Arten vertragen den Rückschnitt sehr gut und können sich danach tatsächlich besser entwickeln.

Ältere Horste auslichten Bambushorste gedeihen besser, wenn man sie alle ein bis zwei Jahre im Frühjahr vor dem Neuaustrieb auslichtet. Schneiden Sie alle toten (braunen und blattlosen), dünnen oder schwachen Halme mit einer scharfen Gartenschere bodennah ab. Meist genügt es, ein Viertel bis ein Drittel der Halme zu entfernen, aber wenn der Bambus zu dicht wächst (wie hier), kann man sogar die Hälfte der Triebe herausnehmen oder noch mehr. Dadurch wird der Horst offener, verjüngt sich und es ist Platz für neue Halme, die eher inmitten des Horstes erscheinen als am Rand.

Mulchen Bei diesem überalterten Horst wurden alle toten braunen Halme entfernt und nur die dunkelgrünen jungen Triebe belassen. Um die Feuchtigkeit im Boden zu halten und zur Dekoration eignet sich eine Kiesauflage. Neue Halme schieben sich problemlos hindurch.

Höhe zurücknehmen Bambushalme werden mit zunehmendem Alter der Pflanze dicker und höher. Sie können die einzelnen Halme auf die gewünschte Höhe einkürzen und zu dichtes Laub herausschneiden. Schneiden Sie immer direkt über einem Knoten mit Verzweigungen.

Abgestorbene Blätter entfernen
Als typische Eigenschaft behält Bambus seine vergilbten oder braunen Blätter. Kleinere Pflanzen können Sie Blatt für Blatt ausputzen, damit sie wieder richtig grün erscheinen. Bei größeren Exemplaren bedeutet dies eine ziemlich langwierige Arbeit. Es ist einfacher, diese Blätter als etwas zu akzeptieren, was den Reiz von Bambus ausmacht. Werfen Sie altes Laub nicht weg, sondern streuen Sie es unter die Pflanzen ein, wo es als kieselsäurereiches Mulchmaterial dient.

Entfernen Sie die Scheiden von Hand.

Polieren sorgt für mehr Glanz.

Die letzten Handgriffe Die papierartigen Scheiden, die die neue Halme schützen, bleiben bei vielen Arten an der Pflanze. Dadurch können die Halme oft sehr dekorativ und wie gestreift aussehen. Aber manche Bambus-Arten, wie der Schwarzrohrbambus (*Phyllostachys nigra*) und *Thamnocalmus*-Arten besitzen sehr schöne, farbige Halme, die am besten zur Geltung kommen, wenn die Scheiden mit der Hand entfernt werden *(ganz links)*. Die Halme solcher Arten sehen noch besser aus, wenn man sie mit einem weichen Tuch *(links)* poliert. Geben Sie auf das Tuch einige Tropfen Pflanzenöl, damit sie richtig glänzen.

Bambus im Zaum halten

Sobald der Bambus eingewachsen ist, erscheinen rund um den Horst neue Triebe. Man kann sie abbrechen, solange sie kurz sind. Die Wuchskraft wird außerdem gebremst durch ein Abstechen des Wurzelballens im Frühjahr.

Tipp

Mit einem scharfen Spaten kann man die Rhizome leichter durchtrennen. Zum Schärfen nehmen Sie einen Schleifstein.

1 Die einfachste Art, einen Horst bildenden Bambus zu begrenzen, ist das Entfernen der Rhizome (die unterirdischen Triebe), die neue Halme bilden. Dazu heben Sie um den Wurzelbereich einen 30 cm tiefen Graben aus.

2 Harte Rhizome trennen Sie entweder mit einem scharfen Spaten ab oder Sie schneiden die zähen Triebe mit einer Gartenschere ab.

3 Sie können die abgetrennten Rhizome herausziehen oder sie mithilfe einer Grabegabel freilegen und dann entfernen. Topfen Sie Rhizomstücke ein, wenn Sie neue Bambuspflanzen heranziehen wollen.

4 Füllen Sie wieder mit der Aushuberde auf. Neue Halme können Sie über dem Boden abbrechen, sie wachsen nicht nach. Das Entfernen alter, schwacher Halme regt den Bambus an, neue Triebe in der Horstmitte zu bilden.

Pflege von Bambus in Töpfen

Topfpflanzen verlieren an Wuchskraft, sobald der Ballen durchwurzelt ist. Daher muss man alle zwei bis drei Jahre umtopfen. Große, sehr wüchsige Bambus-Arten brauchen alljährlichen Substratwechsel, am besten im Frühjahr.

Tipp

Der Wurzelballen einer Topfpflanze kann besonders am Grund verfilzen. Diese Zone wird besser ganz abgeschnitten.

1 Nehmen Sie die Pflanze aus ihrem Topf heraus – das Bild zeigt, wie stark das Wurzelsystem eines Bambusses in nur wenigen Jahren verfilzen kann. Da nur noch Substrat vorhanden ist, wird kaum Wasser gespeichert.

2 Um die Rhizome zu durchtrennen, ist eine stabile Säge oder sogar eine Axt nötig. Entfernen Sie das untere Viertel oder zumindest die untersten 3–4 cm des Wurzelballens und verwerfen Sie den Filz.

3 Achten Sie auf das natürliche Austriebsmuster oder eine Lücke zwischen den Sprossen. Säen Sie entlang dieser Linie, um die Pflanze, abhängig von ihrer Größe, in zwei, drei oder vier Stücke zu teilen.

4 Jedes Stück sollte ein ausreichend großes Wurzelsystem mit mindestens sechs kräftigen Halmen und mehreren neuen Trieben nahe der Oberfläche besitzen. Tote oder schwache Triebe werden entfernt.

Pflege von Bambus in Töpfen, *Fortsetzung*

5 Der Bambus wird zurück in den alten Topf oder in einen neuen, größeren gesetzt. Die gewonnenen Teilstücke können Sie in den Garten pflanzen. Bedecken Sie das Wasserabzugsloch mit Tonscherben und füllen Sie etwas Erde ein.

6 Stellen Sie ein Teilstück in den Topf, um die richtige Pflanztiefe festzustellen. Die runde Außenseite des Ballens kommt in die Mitte. Diese Wachstumszone soll mit möglichst viel frischer Erde Kontakt haben.

7 Füllen Sie rundherum frisches, tonhaltiges Substrat ein und drücken Sie es mit der Hand vorsichtig an. Achten Sie darauf, dass das geteilte Stück gerade steht, damit die Pflanze ordentlich aussieht.

8 Füllen Sie so viel Substrat ein, dass der Wurzelballen 2–3 cm hoch mit frischer Erde bedeckt ist – der Bambus schiebt sich mit der Zeit etwas hoch. Verteilen Sie die Erde gleichmäßig zwischen die Halme.

9 Gießen Sie die Pflanze gründlich an, damit sich die Erde um die Halme setzt. Einen großen Topf stellen Sie zuvor schon an seinen Platz, da durch die nasse Erde das Gesamtgewicht wesentlich erhöht wird.

10 Decken Sie die Oberfläche mit einer Mulchschicht aus gehäckselter Rinde, Splitt oder (wie hier) mit dekorativeren Kieselsteinen ab. Dadurch bleibt das Substrat länger und gleichmäßiger feucht.

11 Der glasierte Topf ergänzt die ornamentale Wuchsform des Bambus aufs Beste. Nach dem Teilen dauert es eine Weile, bis der Bambus die alte Wuchskraft erreicht hat, doch danach entwickelt er sich prächtig.

Arbeiten im Jahreslauf: Frühjahr und Sommer

Hier sind die anfallenden Arbeiten zu verschiedenen Zeiten des Jahres zusammengefasst. Diese einfachen Empfehlungen tragen dazu bei, dass Ihre Stauden gesund und kräftig bleiben und möglichst lange gut aussehen.

Frühjahr

Bambus

- Das zeitige Frühjahr ist eine gute Zeit, Topfbambus zu pflanzen, bevor der Austrieb begonnen hat.
- Schneiden Sie tote, alte oder schwache Triebe eingewachsener Bambushorste heraus.
- Brechen Sie neue Triebe, die an unerwünschten Stellen erscheinen, direkt am Boden ab – dadurch wird ihre Entwicklung verhindert und sie wachsen nicht nach.
- Entfernen Sie vergilbte Blätter, damit die Pflanze gepflegt aussieht – ein bestimmter Teil der Blätter wird im Lauf des Winter gelb, was aber kein Grund zur Sorge ist.
- Decken Sie die Erde mit einer Mulchschicht ab.

Gräser

- Säen Sie ein- und zweijährige Gräser in Saatschalen oder Multitopfplatten *(unten)* aus.
- Die Horste sommergrüner Gräser bekommen jetzt ihren jährlichen »Haarschnitt«, am besten, gerade bevor oder sobald die neuen Triebe zu erscheinen beginnen.
- Kämmen Sie die toten Blätter immergrüner Gräser bei hohen Arten mit einem Rechen, bei kleineren Arten mit den Fingern (tragen Sie Handschuhe!) heraus.

Seggen und grasartige Pflanzen

- Kämmen Sie das tote Laub immergrüner Pflanzen heraus und schneiden Sie abgestorbene Blattspitzen ab. Sommergrüne Arten schneidet man im Herbst zurück.

Säen Sie ein- oder mehrjährige Gräser im Frühjahr aus.

Sommer

Bambus

- Gießen Sie neu gepflanzte Bambusse in Trockenzeiten, bis sie eingewachsen sind.
- Wässern Sie Bambus in Gefäßkultur regelmäßig, da er nicht austrocknen darf, denn sonst werden die Blätter braun.
- Um die Farbe der Halme ausgewachsener Horste hervorzuheben, schneiden Sie die niedrigsten Triebe ab.
- Entfernen Sie die hartnäckigen Blattscheiden von den Halmen, sobald sie beginnen, sich abzublättern (außer Sie mögen das »panaschierte« Aussehen).

Gräser

- Es ist noch nicht zu spät, in Topf gezogene Gräser auszupflanzen *(unten)*; in Gartencentern bekommen Sie jetzt eine bessere Auswahl als früher im Jahr.
- Gießen Sie neu gepflanzte Gräser in längeren Trockenperioden, vor allem jene in Töpfen.
- Der Spätsommer ist die beste Zeit, um *Miscanthus*-Arten und -Sorten zu teilen, aber nicht für andere Gräser.

Seggen und grasartige Pflanzen

- Gießen Sie Feuchtigkeit liebende Pflanzen wie die meisten Seggen, Binsen, Schachtelhalm und Rohrkolben regelmäßig. Der Boden am Rand künstlich abgedichteter Teiche sollte ein- bis zweimal in der Woche gewässert werden, damit diese Pflanzen sich wohlfühlen.

Im Topf gezogene Gräser kann man auch im Sommer auspflanzen.

Arbeiten im Jahreslauf: Herbst und Winter

Herbst

Bambus

- Der Herbst ist eine gute Zeit, um Bambushorste auszulichten *(unten)*, indem man dünne und schwache Halme sowie solche, die im Sommer abgestorben sind, entfernt.
- Decken Sie den Boden mit organischem Mulchmaterial ab oder bringen Sie einen Universal-Langzeitdünger aus.
- Gießen Sie Bambuspflanzen im Topf weiter – im Herbst kann es noch warm und trocken sein.
- Wenn sich der Bambushorst stark ausgebreitet hat, ziehen Sie einen Graben und trennen Sie die Rhizome ab.

Gräser

- Entfernen Sie die Blütenstände der Gräser, die sich zu stark selbst aussäen wie *Molinia*- und *Festuca*-Arten, bevor sie ausreifen.
- Die meisten Grasarten, außer *Miscanthus*, können im Herbst geteilt werden.
- Gießen Sie Gräser in Gefäßen weiter.

Seggen und grasartige Pflanzen

- Schneiden Sie sommergrüne Wasserpflanzen wie *Phragmites* und *Typha* zurück, wenn das Laub und Halme sich allmählich braun färben. Entfernen Sie abgestorbene Teile.
- Teilen Sie Seggen, Schachtelhalm und Gewächse in Pflanzkörben und topfen Sie die Teile ein.
- Gießen Sie Feuchtigkeit liebende Arten wie Seggen in Töpfen in milden, trockenen Phasen weiter.

Lichten Sie zu dichte Bambushorste mit einer Astschere aus.

Winter

Bambus

- Spätherbst und Frühwinter sind die besten Zeiten, um ballenlose geteilte Bambusstücke einzupflanzen.
- Teilen Sie Bambushorste, die im Boden wachsen, besonders wenn sie zu groß geworden sind *(siehe Seite 110–111)*.
- Die milden Perioden des Winters sind die beste Zeit, einen Topfbambus zu teilen und wieder einzutopfen
- Prüfen Sie, ob der Bambus im Topf feucht genug ist und wässern Sie, falls nötig.

Gräser

- Niedrige sommergrüne Gräser können im Winter zusammenfallen, da das tote Laub die Pflanze erdrückt und zu viel Feuchtigkeit verursacht. Falls erforderlich, schneiden Sie die Pflanze zurück und entfernen Sie das Laub.
- Höhere sommergrüne Arten wie *Miscanthus* können den Winter über ungeschnitten bleiben *(unten)*; schneiden Sie die Halme zurück, wenn sie zusammenfallen.
- Schneiden Sie verblühte Blütentriebe immergrüner Gräser wie *Cortaderia* und *Stipa gigantea* ab.

Seggen und grasartige Pflanzen

- Schneiden Sie sommergrüne Arten weiterhin zurück, wenn ihre Blätter braun werden.
- Entfernen Sie die verblühten und abgestorbenen Blütentriebe immergrüner Arten.

Mit Frost überzogene *Miscanthus* bietet im Winter einen schönen Anblick.

Die Pflanzen im Porträt

Die in diesem Buch beschriebenen Gräser und Bambus-Arten sind mit wenigen Ausnahmen winterhart. In Gartencentern finden Sie ein begrenztes Angebot, ein größeres Sortiment bieten Staudengärtnereien an. Die verschiedenen Symbole geben wichtige Hinweise auf die speziellen Ansprüche der Pflanzen.

Erklärung der Symbole

🏆 Ausgezeichnet mit dem »Award of Garden Merit« der Royal Horticultural Society

Ansprüche an den Boden

- Gut durchlässiger Boden
- Frischer Boden
- Feuchter Boden

Bevorzugte Lichtverhältnisse

- Volle Sonne
- Halbschatten
- Schatten

Frosthärte

- *** Völlig winterhart
- ** Kann in milden Regionen oder an geschützten Plätzen im Freien überwintern
- * Braucht guten Winterschutz
- Verträgt keinen Frost

Bambus (Chusquea–Indocalamus)

Chusquea culeou

Dieser ungewöhnliche südamerikanische Bambus bildet dichte Horste aufrechter, goldgelber Halme. Mehr als 50 kurze, abstehende Zweige an jedem Knoten sorgen für die typische Form einer »Flaschenbürste«. Er breitet sich langsam aus.

H: bis 5 m, **B**: 2,5 m
❄ ○ ● ☼ ◐ 🏆

Fargesia murieliae

Diese außerordentlich blattreiche Zwergsorte, die nur halb so hoch wird wie die Art, bildet eine leicht überhängende Kaskade apfelgrüner Blätter und gedeiht in Gefäßen sehr gut. Ihre Halme und Triebe haben eine hübsche orangerote Färbung.

H: bis 4 m, **B**: 3 m
❄❄❄ ○ ● ☼ ◐ 🏆

Fargesia murieliae **'Simba'**

Diese außerordentlich blattreiche Zwergsorte, die nur halb so hoch wird wie die Art, bildet eine leicht überhängende Kaskade apfelgrüner Blätter und gedeiht in Gefäßen sehr gut. Ihre Halme und Triebe haben eine hübsche orangerote Färbung.

H: 2–2,5 m, **B**: 2 m
❄❄❄ ○ ● ☼ ◐ 🏆

Fargesia nitida

Diese Art wächst aufrechter als *F. murieliae* und verträgt exponierte Lagen noch besser. Sie eignet sich gut als Windschutz oder Hecke, steht aber weltweit in Blüte. Junge Halme verzweigen sich oft erst im zweiten Jahr. Die Zweigscheiden sind oft rötlich.

H: 3–5 m, **B**: 4 m
❄❄❄ 💧 💧 ☼ ◐

Fargesia robusta

Diese ziemlich neue Art wächst aufrecht und trägt dunkelgrüne, bis 13 cm lange Blätter. Die dunkelgrünen Halme haben während der Entwicklung auffällige weiße Scheiden und sehen wie panaschiert aus. Eine robuste und windverträgliche Art.

H: 3–4 m, **B**: 4 m
❄❄ 💧 💧 ☼ ◐

Himalayacalamus falconeri

Diese große, hübsche Pflanze aus dem Himalaya ist nicht zuverlässig winterhart und braucht guten Schutz. Sie bildet dichte Horste und wird in Gärten meist nur etwa 4 m hoch – nur halb so hoch wie in der Natur. Sie eignet sich gut für die Kultur in Töpfen.

H: bis 6 m, **B**: 4 m
❄ 💧 💧 ☼ ◐

Indocalamus tesselatus

Diese Art trägt die größten Blätter von allen Bambuspflanzen der gemäßigten Zonen: Sie werden bis zu 40 cm lang. Die Pflanze bildet eine etwa 1 m hohe Kuppel aus Blättern. Sie wächst gut in Gefäßen und wirkt sehr tropisch.

H: 1–1,5 m, **B**: unbegrenzt
❄❄/❄❄❄ 💧 💧 ☼ ◐ 🏆

Bambus (Phyllostachys)

Phyllostachys aureosulcata **'Aureocaulis"**

Dieser hohe Bambus entwickelt an sonnigen Plätzen goldgelbe Halme. Außerdem sind manche von ihnen unten zickzackförmig gekrümmt, wodurch sie noch ungewöhnlicher aussehen. Die Pflanze wird in der Regel nicht höher als 6 m.

H: 4–6 m, **B**: 4 m
❄❄❄ ◊ ♦ ☼ ◐ 🏆

Phyllostachys aureosulcata **'Spectabilis'**

Dieser ähnliche Bambus wie 'Aureocaulis' besitzt Halme, die noch satter goldgelb sind und grüne Streifen in den Rillen haben. Die Rillen sind charakteristisch für die ganze Gattung, deren Horste sich recht langsam ausbreiten.

H: 4–7 m, **B**: 4 m
❄❄❄ ◊ ♦ ☼ ◐ 🏆

Phyllostachys bambusoides

Dieser große Bambus wird im Fernen Osten wegen seines Holzes angebaut. Dort erreicht er Baumgröße, aber in gemäßigten Regionen bleibt er kleiner. Er liebt wärmere Sommer. Bei genug Platz sehen die dicken grünen Halme und die 15 cm langen Blätter prächtig aus.

H: 5–10 (bis 22) m, **B**: 6 m
❄❄ ◊ ♦ ☼ ◐

Phyllostachys flexuosa

Dieser ebenfalls riesige Bambus hat, wie der Artname schon sagt, biegsame, glänzend grüne Halme, die sich meist überneigen, sodass die Pflanze eine hübsche Hängeform bildet. Die Halme mancher Pflanzen sind im Alter gelb-schwarz gefleckt.

H: 3–5 m, **B**: 6 m
❄❄/❄❄❄ ◊ ♦ ☼ ◐

Phyllostachys nigra

Der beliebteste Bambus gemäßigter Zonen hat olivgrüne Halme, die sich im Alter und in der Sonne schwarz färben und einen hübschen Kontrast zu den 10 cm langen, saftig grünen Blättern bilden. Er erreicht eine Höhe von 3–5 m und bleibt kompakt.

H: 4–8 m, **B**: 6 m
❄❄/❄❄❄ 💧 ◐ ☼ ◑ 🏆

Phyllostachys nigra 'Henonis'

Diese Form ähnelt in Wuchsform und Höhe *P. nigra*, aber die Halme sind bräunlich grün und werden nicht schwarz. Sie ist wahrscheinlich die Wildform des Schwarzrohrbambus (*P. nigra*), aus dem die Sorten mit schwarzen Halmen ausgelesen wurden.

H: 4–7 m, **B**: 6 m
❄❄/❄❄❄ 💧 ◐ ☼ ◑ 🏆

Phyllostachys violascens

Eine der auffallendsten *Phyllostachys*-Arten bildet tiefviolette Halme, die im Alter braun werden und ungleichmäßige braunrote Streifen bekommen. Durch das Abschneiden alter Halme regt man die Blattbildung bei jungen Trieben an.

H: bis 10 m, **B**: 4 m
❄❄❄ 💧 ◐ ☼ ◑

Phyllostachys viridiglaucescens

Diese hohe, dicht belaubte Art mit grünen Halmen und recht großen Blättern bildet einen wirksamen Windschutz, da sie sich schnell ausbreitet, wenn sie eingewachsen ist. Aber es gibt Bambus-Arten mit dekorativeren Blättern für diesen Zweck.

H: 4–10 m, **B**: 6 m
❄❄/❄❄❄ 💧 ◐ ☼ ◑

Phyllostachys vivax 'Aureocaulis'

Diese Art ähnelt im Allgemeinen *P. bambusoides*, hat aber dünnere Halme und stärker überhängende Blätter. Sie kommt mit kühleren Bedingungen besser zurecht, erreicht aber nicht ihre Wuchshöhe am Naturstandort von bis zu 15 m. Die Halme sind goldgelb.

H: 6–12 m, **B**: 4 m
❄❄/❄❄❄ 💧 ◐ ☼ ◑ 🏆

Bambus (Pleioblastus–Semiarundinaria)

Pleioblastus pygmaeus
Alle *Pleioblastus*-Arten wuchern und fühlen sich im Schatten wohl. Trotz seiner geringen Größe kann sich dieser hübsche Bambus im Garten stark ausbreiten. Er ist jedoch ein guter Bodendecker zu Füßen von Bäumen und gedeiht gut im Topf.

H: 0,4–1 m, **B**: 4 m
❄❄/❄❄❄ ◇ ◆ ◐ ☀

Pleioblastus variegatus
Dieser schöne panaschierte Bambus hat breite, unregelmäßige, cremefarbene Streifen auf den Blättern. Er bildet dichte, niedrige Haine von weniger als 2 m Höhe und breitet sich relativ langsam aus. Auch für breite, flache Gefäße eignet sich diese Art.

H: bis 2 m, **B**: 4 m
❄❄/❄❄❄ ◇ ◆ ◐ ☀ 🏆

Pseudosasa japonica
Diese Gattung umfasst wuchernde Arten, die sich aber langsamer ausbreiten als *Sasa* oder *Indocalamus*. Die großen Blätter können sich bei Kälte und Wind braun färben, deshalb eignen sich geschützte Lagen besser. Die Art bildet schöne Abgrenzungen.

H: 3–5 m, **B**: 4 m
❄❄❄ ◇ ◆ ☼ ◐ 🏆

***Pleioblastus viridistriatus* (Syn. *P. auricomus*)**
Diese Art ist ähnlich panaschiert wie *P. variegatus*, hat aber eine mehr goldgelbe und auffälligere Färbung. Die Blätter sind bis zu 18 cm lang, die Halme dekorativ rötlich grün. Die Pflanze fühlt sich im Schatten oder in Gefäßen wohl.

H: bis 1,2 m, **B**: 4 m
❄❄/❄❄❄ ◇ ◆ ◐ ☀ 🏆

Sasa palmata 'Nebulosa'

Die großblättrigen *Sasa*-Arten sehen tropisch aus, bleiben aber recht niedrig und wuchern so stark, dass sie nicht in kleine Gärten passen. Diese wüchsige Form bildet an älteren Halmen braune Flecken. Sie gehört nur in große Töpfe oder auf ein Hochbeet.

H: 1–2 m, **B**: unbegrenzt
❄❄/❄❄❄ 💧 ◑ ☼ ◐

Sasa veitchii

Diese im Vergleich zu *S. palmata* kleinere und adrettere Art breitet sich unter allen Angehörigen ihrer Gattung wohl am langsamsten aus. Im Winter wird der helle Blattrand pergamentartig. Bei wenig Platz vorsichtig verwenden oder gleich in einen Topf setzen.

H: 0,4–1,5 m, **B**: unbegrenzt
❄❄ 💧 ◑ ☼ ◐

Semiarundinaria fastuosa var. *viridis*

Dieser hochwüchsige und sehr robuste Bambus wird zu den Ausläufer treibenden Arten gezählt, formt aber Horste. Mit den dichten Trieben langer, schmaler Blätter eignet er sich sehr gut als Sichtschutz oder Hecke.

H: bis 10 m, **B**: 4 m
❄❄ 💧 ◑ ☼ ◐

Bambus (Shibataea–Yushania)

Shibataea kumasaca

Der Mäusedornbambus aus Japan gehört zu den besten niedrigen Arten. Er bildet dichte Horste und breitet sich langsam aus. Die breiten spitzen Blätter sind 5–10 cm lang. Die für kleine Gärten, Töpfe und Kiesbeete ideale Art braucht sauren Boden.

H: 0,6–1,2 m, **B**: 2 m
❄❄❄ ○ ◐ ◐ ●

Thamnocalamus crassinodus 'Kew Beauty'

Dieser Bambus aus dem Himalaya zählt zu den schönsten überhaupt, verzweigt sich stark und trägt kleine Blätter. Die jungen Halme sind blau bereift, werden später grün und im Alter tiefrot.

H: bis 6 m, **B**: 4 m
❄ ○ ◐ ◐

Thamnocalamus spathiflorus

Dieser Horst bildende, aber ziemlich schnell wachsende Bambus ist größer als *T. crassinodus* und hat größere Blätter. In der Natur erreicht er manchmal 10 m Höhe, aber im Garten wird er nicht einmal halb so hoch. Die grünen Halme färben sich später rosabraun.

H: bis 7 m, **B**: 6 m
❄/❄❄ ○ ◐ ◐

Yushania maculata

Trotz ihres horstigen Wuchses kann diese Art Ausläufer entwickeln. Sie wuchert aber nie so stark wie *Sasa* oder *Pleioblastus*. Die kleinblättrige, überhängende Pflanze macht sich gut als Sichtschutz, eignet sich aber nicht für kleine Gärten oder Töpfe.

H: 3–4 m, **B**: 4 m
❄/❄❄ ○ ◐ ☼ ◐

Süßgräser (Anemanthele–Briza)

Anemanthele lessoniana

Dieses Gras aus Neuseeland war früher als *Stipa arundinacea* bekannt. Es ist halbimmergrün mit orange-goldener Herbst- und Winterfärbung. Die feinblättrige, überhängende Pflanze hat fedrige, unscheinbar wirkende Blütenstände.

H: 1 m, **B**: 1,2 m
❄❄ ○ ◑ ☼ ◐

Arundo donax

Das Pfahlrohr, eine der besten nicht verholzenden Strukturpflanzen, ist ein echtes Gras. Es kommt im Mittelmeergebiet häufig vor, wo es 5 m hoch wird. Mit den dicken Halmen und den großen Blättern sieht es wie ein tropischer Bambus aus.

H: 3 m, **B**: 2 m
❄❄ ◑ ● ☼ ◐

Arundo donax 'Versicolor'

Die hübschen panaschierten Sorten des Pfahlrohrs sind weniger wüchsig als die einfarbige Art – und weniger winterhart. In kühlen Regionen sollte man es nur im Sommer auspflanzen. Man gräbt es im Herbst aus, um es unter Glas zu überwintern.

H: bis 2 m, **B**: 2 m
❄ ◑ ● ☼ ◐

Briza maxima

Das Große Zittergras zählt zu den schönsten einjährigen Gräsern. Die dicken frühen Blütenstände sehen wie eine flache Ähre aus und rascheln beim leisesten Windhauch. Zittergras liebt Sonne, wächst aber fast auf allen Böden, auch auf nassen.

H: 30 cm, **B**: 25 cm
❄❄❄ ○ ◑ ● ☼

Briza minor

Die kleinere Ausgabe des Großen Zittergrases ist noch blühfreudiger. Die Blüten bilden eine sich ständig bewegende Wolke über dem Laub. Beide Arten kann man im Spätsommer zurückschneiden, damit sie ein weiteres Mal Blätter und Blüten bilden.

H: 15–20 cm, **B**: 15 cm
❄❄❄ ○ ◑ ● ☼

Süßgräser (Calamagrostis–Cortaderia)

Calamagrostis x *acutiflora* 'Karl Foerster'

Diese Sorte des Garten-Reitgrases zählt zu den besten Gräsern für naturnahe, prärieartige Gärten. Sie wächst aufrecht und trägt lang zugespitzte Blütenrispen. Die Blätter und Samenstände überstehen den Winter gut.

H: 1,5 m, **B**: 1 m

Calamagrostis x *acutiflora* 'Overdam'

Diese Sorte wächst stärker überhängend als 'Karl Foerster' und bildet dichte Horste weiß gestreifter Blätter. Die Blüten erscheinen nur einmal. Durch Rückschnitt im Spätsommer erreichen Sie eine zweite Blüte.

H: 1,2 m, **B**: 1,2 m

Calamagrostis brachytricha

Das Diamant-Reitgras verträgt leichten Schatten und ihre Blüten – die anfangs intensiv rot getönt sind – erscheinen spät, gewöhnlich erst im September. Die nicht so aufrecht wachsende Art gedeiht auf feuchtem Boden besser.

H: 1,2 m, **B**: 1 m

Calamagrostis emodensis

Diese kürzlich eingeführte Art aus Nepal wird nur halb so hoch wie andere Arten und Sorten und bildet niedrige Horste von bis zu 1 m Durchmesser mit breiten, überhängenden Blättern. Die rosa getönten Blütenstände ähneln denen von *Miscanthus*.

H: 60 cm, **B**: 1 m
❄❄❄ 💧 ◑ ☼ ◐

Cortaderia richardii

Diese Verwandte des Pampasgrases (dem sie ähnelt) entwickelt Büsche aus schmalen, immergrünen Blättern und bildet überhängende, zottige, weiße oder cremefarbene Blütenstände. Das Laub kann nach der Blüte einziehen. Braucht Winterschutz.

H: 2,7 m, **B**: 1,5 m
❄ 💧 ◑ ☼ 🏆

Chasmanthium latifolium

Das Plattährengras ist in Wäldern und am Waldrand heimisch und eignet sich für den Schatten. Es bildet überhängende Büsche aus breiten Blättern und ovalen Ährchen. Es ist sommergrün, behält aber im Winter die Form, und es mag keine Trockenheit.

H: 1 m, **B**: 90 cm
❄❄❄ ◑ ◐

Chionochloa conspicua

Das immergrüne Gras aus Neuseeland ist die am besten winterharte Art dieser Gattung (aber für richtig kalte Regionen nicht geeignet). Es bildet niedrige, überhängende Büsche aus hellgrünem Laub, im Sommer mit cremefarbenen, großen Samenständen.

H: 1,6 m, **B**: 1,2 m
❄❄/❄❄❄ 💧 ◑ ☼

Süßgräser (Cortaderia–Deschampsia)

Cortaderia selloana

Das Pampasgras, in den 1970er-Jahren im Übermaß gepflanzt, wird jetzt wieder sehr geschätzt. Nur wenige Gräser wirken so ornamental. Die winterharte und Trockenheit vertragende Pflanze eignet sich als Hecke, Sichtschutz oder als Hintergrund.

H: bis 3 m, **B**: 2,5 m

Cortaderia selloana 'Aureolineata'

Diese niedrigere Auslese kann immerhin noch 1,5 m hoch werden. Ihre Blätter haben einen breiten goldgelben Rand, der später eine sattere Farbe bekommt und mehr auffällt. Die Sorte eignet sich gut für kleinere Gärten und passt zu anderen Gräsern.

H: 1,5 m, **B**: 1,5 m

Cortaderia selloana 'Pumila'

Diese herausragende einfarbige Zwergsorte wird rund 1,5 m hoch. Sie ist blühfreudiger und insgesamt härter als ihre großen Verwandten, hat kräftige Halme und langlebige Blüten. Durch ihre gemäßigte Wuchskraft lässt sie sich besser in ein Beet integrieren.

H: 1,5 m, **B**: 1,5 m

***Cortaderia selloana* 'Silver Comet'**
Diese relativ neue Sorte mit weiß gestreiften Blättern sieht aus der Ferne silbern aus und ist wohl die schönste panaschierte Sorte. Sie hat kurze Halme, sodass die Blütenschöpfe zwischen dem Laub etwas unordentlich wirken können.

H: 1,7 m, **B**: 1,6 m

***Cortaderia selloana* 'Sunningdale Silver'**
Diese Sorte gilt als eine der besten. Sie kann 3 m hoch werden, trägt große, reinweiße (oder »silberne«), langlebige Blütenschöpfe auf kräftigen Halmen. Sie braucht viel Platz, um sich in ganzer Pracht zu entfalten.

H: 5 m, **B**: etwa 2 m

***Deschampsia cespitosa* 'Goldschleier'**
Die immergrünen, mehrjährigen Rasen-Schmielen bilden feine Rispen duftiger Blütenstände, die Horste aus schmalen Blättern überragen. Diese schattenverträgliche Auslese von Karl Partsch bringt goldgelbe Blüten hervor.

H: 1,2 m, **B**: 1 m

***Deschampsia cespitosa* 'Goldtau'**
Diese Sorte ähnelt zwar der Auslese 'Goldschleier', bleibt aber etwas niedriger als diese. Sie fühlt sich wohl in natürlichen Pflanzungen und Kiesgärten. Sie verträgt volle Sonne, wenn sie genug Feuchtigkeit erhält.

H: 1 m, **B**: 70 cm

***Descampsia flexuosa* 'Hohe Tatra'**
Diese gelbblättrige Form der Draht-Schmiele ist niedriger als *D. cespitosa*. Sie stammt aus Wäldern und verträgt daher schattige, feuchte Lagen besser als die meisten anderen Gräser. Sie bildet rötlich braune Blüten aus.

H: 15 cm, **B**: 15 cm

Süßgräser (Elymus–Hakonechloa)

Elymus magellanicus
Diese sommergrüne Haargerste aus Südamerika hat das intensivste Blau von allen Ziergräsern. Sie ist in kalten Regionen nicht absolut winterhart. Diese Art hat lockere, breite Horste und bildet Blütenstände, die den Ähren des Weizens ähneln.

H: 45 cm, **B**: 45 cm
❄❄/❄❄❄ 💧 ◐ ☼

Eragrostis curvula
Das Liebesgras trägt schmale Blätter und eine Fülle fedriger Blütenrispen. Sie hat ein ähnliches Erscheinungsbild wie die Schmiele, besitzt jedoch eine geringere Winterhärte. Das graugrüne Laub wird im Herbst sandfarben und hält bis in den Winter.

H: 1 m, **B**: 1,2 m
❄ 💧 ◐ ☼

Festuca glauca
Blau-Schwingel sind niedrige, schmalblättrige, horstige, meist immergrüne Gräser, die auf Magerrasen im Bergland oder auf Heide-lächen vorkommen. Das Laub variiert von Graugrün bis zu intensivem Silberblau.

H: 30 cm, **B**: 60 cm
❄❄❄ 💧 ◐ ☼ ◑

***Festuca glauca* 'Elijah Blue'**
Diese Sorte zählt zu den höchsten und am intensivsten blau gefärbten der Art. In Kombination mit gelb- und bronzeblättrigen Gräsern und Seggen sieht sie großartig aus. Sie ist blühfreudig, mag aber wie die meisten ihrer Art keine alkalischen Böden.

H: 30 cm, **B**: 60 cm
❄❄❄ 💧 ◐ ☼ ◑

***Festuca valesiaca* 'Silbersee'**
Diese deutsche Züchtung wirkt trotz ihres Namens eher blau als silbern. Diese Form des Walliser Schaf-Schwingels wächst gedrungen und bildet hübsche Polster. Sie eignet sich hervorragend für Tröge oder den Steingarten.

H: 13–15 cm, **B**: 15 cm
❄❄❄ 💧 ◐ ☼ ◑

Glyceria maxima 'Variegata'
Der buntlaubige Wasser-Schwaden hat breite, weiß gestreifte Blätter und zählt zu den schönsten buntlaubigen Gräsern. Er fühlt sich auf feuchten bis nassen Böden wohl und gedeiht in Wassernähe und im Halbschatten gut, breitet sich aber stark aus.

H: 60 cm, **B**: 1 m
❄❄❄ ◑ ● ☼ ◑

Hakonechloa macra 'Alboaurea'
Das Japan-Berggras wächst niedrig, mit elegant überhängenden, sommergrünen, leuchtend gelben Blättern, die feine grüne Streifen und manchmal weiße Flecken aufweisen. Im Herbst färbt sich das Laub zunächst rosa, später rotviolett.

H: 35 cm, **B**: 1 m
❄❄ ◑ ☼ ◑ 🏆

Hakonechloa macra 'Aureola'
Diese Sorte ähnelt 'Alboaurea', aber das Laub hat keine weißen Flecken, ist dafür intensiver goldgelb gestreift. Der Austrieb ist rötlich, die Herbstfärbung kräftig rot. Beide Sorten sehen in einem großen Pflanzgefäß, das ihren rundlichen Wuchs betont, prächtig aus.

H: 35 cm, **B**: 60 cm
❄❄ ◑ ☼ ◑ 🏆

Süßgräser (Helictotrichon–Miscanthus)

Helictotrichon sempervirens
Der immergrüne Blaustrahlhafer wächst relativ gedrungen und aufrechter als *Elymus*. Mit seinen schmäleren Blättern bildet er bis zu 60 cm hohe, dichte Horste mit langen schmalen Blütenrispen. Bevorzugt volle Sonne und verträgt Trockenheit.

H: 90 cm, **B**: 1 m
❄❄❄ 💧 💧 ☼ 🏆

***Holcus mollis* 'Albovariegatus'**
Diese schöne panaschierte Sorte des Weichen Honiggrases ist vor allem im Norden Großbritanniens weit verbreitet. Sie ist ein guter Bodendecker und harmoniert mit niedrigen Seggen. In voller Sonne verbrennt dieses Gras und wird braun.

H: 15 cm, **B**: 1,5 m
❄❄❄ 💧 💧 ◐ ●

***Imperata cylindrica* 'Rubra'**
Das Japanische Blutgras, eine hübsche Blattschmuckstaude, hat aufrechte Blätter mit anfangs rötlichen Spitzen. Die Färbung dehnt sich im Sommer nach unten aus und wirkt im Herbst am schönsten. In kalten Gegenden im Topf ziehen und im Winter schützen.

H: 40 cm, **B**: 1,5 m
❄ 💧 ☼ ◐

***Milium effusum* 'Aureum'**
Das Wald-Flattergras, eines der schönsten gelbblättrigen Gräser, liebt feuchte Böden und leuchtet in voller Sonne am stärksten. Die halbimmergrünen Blätter sind breit und hängen leicht über. Nach der Blüte abschneiden, damit das Laub neu austreibt.

H: 30 cm, **B**: 30 cm
❄❄❄ 💧 💧 ☼ ◐ 🏆

***Miscanthus sinensis* 'Gracillimus'**
Das Chinaschilf, ein hohes, aufrechtes, elegantes Gras, verträgt Trockenheit und ist vor allem in Präriepflanzungen und Kiesbeeten beliebt. Diese Sorte, eine Elternpflanze vieler neuer Züchtungen, hat schmale Blätter und fingerartige Blüten.

H: 1,7 m, **B**: 2 m
❄❄ ○ ◑ ☼

***Miscanthus sinensis* 'Große Fontäne'**
Diese Sorte hat breite Blätter mit silbriger Mittelrippe. Im Spätsommer erscheinen silbrige, rot überhauchte Blüten, die sich zu fingerförmigen, silbrigen, hängenden Schöpfen (wie Pampasgras) entwickeln.

H: 2 m, **B**: 2 m
❄❄❄ ○ ◑ ☼ 🏆

***Miscanthus sinensis* 'Kleine Fontäne'**
Diese Sorte wird trotz ihres Namens nicht viel niedriger als die 'Große Fontäne'. Ihre langlebigen Blütenstände bleiben oft den ganzen Winter über stehen. Man braucht sie nur im folgenden Frühjahr zurückzuschneiden.

H: 6 m, **B**: 2 m
❄❄❄ ○ ◑ ☼ 🏆

***Miscanthus sinensis* 'Little Kitten'**
Diese echte Zwergsorte ist blühfreudiger als ihre höheren Verwandten und eignet sich gut für die Kultur in Töpfen und für kleinere Gärten. Sie lässt sich mit anderen Gräsern besser kombinieren als andere, recht wüchsige Sorten.

H: 30 cm, **B**: 30 cm
❄❄❄ ◑ ○ ☼

Süßgräser (Miscanthus)

Miscanthus sinensis 'Malepartus'

Diese mittelhohe Art eignet sich gut für mittlere bis große Gärten. Es hat große, aufrechte, rötlich braune Blütenstände und sieht besonders im Herbst sehr hübsch aus, wenn das Laub sich orange und rotbraun färbt, bevor es sandfarben verbleicht.

H: 1,8 m, **B**: 2 m
❄❄❄ ○ ◐ ☼

Miscanthus sinensis 'Morning Light'

Der Horst der buntlaubigen, kaskadenartig überhängenden Sorte ist oben breiter als unten. Die gelb gesäumten Blätter haben einen breiten weißen Mittelstreifen. Wegen der sehr späten Blütezeit kommen Pflanzen in kalten Regionen manchmal nicht zur Blüte.

H: 1,2 m, **B**: 1 m
❄❄/❄❄❄ ○ ◐ ☼ 🏆

Miscanthus sinensis 'Rotfuchs'

Der Sortenname bezieht sich auf die rötlich braunen Blütenstände, die sich im Spätsommer und Frühherbst entwickeln. Diese Pflanze bildet aufrechte Horste, sie eignet sich daher besonders gut für kleine bis mittelgroße Gärten.

H: 1,2 m, **B**: 1,5 m
❄❄❄ ○ ◐ ☼

Miscanthus sinensis 'Silberfeder'

Diese Sorte hat die höchsten Blütenstände innerhalb der Art: Sie erreichen Höhen bis 2,5 m. Die Blätter zeigen einen auffallenden weißen Mittelstreifen. Aus lang gefingerten Blütenständen entwickeln sich silbrige, fedrige Samenstände.

H: bis 2,2 m, **B**: 2 m

Miscanthus sinensis 'Silberspinne'

Der Name bezieht sich auf die Blütenrispen und die Blätter, die waagerecht an steifen Halmen stehen – anders als bei den meisten *Miscanthus*-Arten, die aufrecht oder bogig überhängend wachsen. Lange, lockere, anfangs rote, später silbrige Blütenstände.

H: 1,5 m, **B**: 1,2 m

Miscanthus sinensis 'Strictus'

Diese Sorte bildet dichte Horste aus steif aufrechten Halmen. Die dekorativen Blätter haben ab Hochsommer cremeweiße Querstreifen – eine ganz untypische Maserung im Vergleich zu den üblichen Längsstreifen. Blüht bisweilen erst im Spätherbst.

H: 2,8 m, **B**: 75 cm

Miscanthus sinensis 'Undine'

Diese mittelhohe Sorte blüht ab dem Spätsommer. Die Blüten sind anfangs kupferrosa, werden später sandbeige. Die Pflanze zeigt eine schöne Herbstfärbung in Orange und eignet sich für kleinere Gärten. Blätter und Blütenstände halten Winterstürmen stand.

H: 1,5 m, **B**: 1,7 m

Süßgräser (Miscanthus–Panicum)

Miscanthus sinensis **'Variegatus'**

Dieses mittelhohe Chinaschilf trägt Blätter mit breiten weißen Längsstreifen. Es bildet bogig überhängende Horste und blüht recht üppig im Frühherbst, aber die Blütenstände sind nicht so langlebig wie bei anderen Sorten.

H: 1,3 m, **B**: 1 m
❄❄❄ 💧 ◐ ☼ 🏆

Miscanthus sinensis **'Yakushima Dwarf'**

Fälschlicherweise heißt auch eine Sorte, die 'Little Kitten' *(siehe Seite 137)* ähnelt, genauso. Die echte 'Yakushima Dwarf' wächst höher und trägt hellbeigefarbene Blütenschöpfe.

H: 1,2 m, **B**: 1,2 m
❄ 💧 ◐ ☼

Miscanthus sinensis **'Zebrinus'**

Diese quer gestreifte Sorte bildet stärker bogig überhängende, etwas höhere Blatthorste als 'Stricta'. Die Bänderung ist temperaturabhängig, sorgen Sie sich daher nicht, wenn die Pflanze im Frühjahr zunächst einfarbig grün austreibt.

H: 1,8 m, **B**: 1,2 m
❄❄ 💧 ◐ ☼ 🏆

Molinia caerulea 'Edith Dudszus'
Das Blaue Pfeifengras ist sommergrün und fast in ganz Europa heimisch. Es trägt feine Blätter und im Sommer rötliche Blütenstände, die standfest bis weit in den Herbst hinein bleiben. Das abgestorbene, braune Laub wird abgestoßen.

H: 60 cm, **B**: 60 cm

Molinia caerulea 'Variegata'
Diese schöne panaschierte Form des Blauen Pfeifengrases zeigt goldgelbe, unregelmäßige Streifen auf den Blättern. Sie wird halb so hoch wie 'Edith Dudszus': Es entwickeln sich niedrige Horste und hohe Halme mit Blütenständen in blassem Rotbraun.

H: 50 cm, **B**: 60 cm

Panicum capillare
Die Haarästige Rispenhirse ist eine hübsche einjährige Art mit breiten, riemenförmigen, überhängenden Blättern. Sie bildet kleine Horste, über denen spinnenartige Rispen schweben. Die essbaren Samen wurden in Nordamerika zu Mehl verarbeitet.

H: 60 cm, **B**: 30 cm

Panicum virgatum 'Dallas Blues'
Zu den Hirsen zählen viele ein- und zweijährige Arten, von denen nur wenige kultiviert werden. Diese sommergrüne Sorte der Ruten-Hirse ist ein mehrjähriges Präriegras mit lockeren Blütenrispen über breiten Horsten aus blaugrünen Blättern.

H: 1 m, **B**: 75 cm

Panicum virgatum 'Heavy Metal'
Diese straff aufrechte wachsende Auslese hat graublaues, wie bereift wirkendes Laub und typische feine, duftige, rötliche Blütenrispen. Alle Sorten von *P. virgatum* bevorzugen volle Sonne und durchlässigen Böden, sie vertragen Kalk.

H: 80 cm, **B**: 80 cm

Süßgräser (Pennisetum–Spartina)

Pennisetum alopecuroides

Das Japanische Federborstengras zählt zu den schönsten sommergrünen Ziergräsern. Es bildet niedrige, rundliche, feinblättrige Horste, die im Spätsommer von langen Trieben rosabrauner, haariger, fuchsschwanzähnlicher Blütenstände überragt werden.

H: 80 cm, **B**: 1 m
❄❄/❄❄❄ ◌ ◐ ☼

Pennisetum alopecuroides **'Hameln'**

Diese gedrungene Form ist ideal für Gefäße und auch als Einfassung oder für den Vordergrund einer Rabatte. Die kompakten Blütenstände bilden einen ausgesprochen schönen Kontrast zu anderen, durchsichtiger anmutenden Gräsern.

H: 60 cm, **B**: 80 cm
❄❄❄ ◌ ◐ ☼

Pennisetum orientale

Diese Art ist weniger winterhart als *P. alopecuroides*. Die zwar mehrjährige Art erweist sich als kurzlebig und wird oft einjährig kultiviert. Die ausladenden Büschel dünner, saftig grüner Blätter werden von langen rosa-weißen Blütenständen überragt.

H: 1 m, **B**: 1 m
❄❄ ◌ ◐ ☼ 🏆

***Pennisetum orientale* 'Karley Rose'**
Diese Auslese trägt besonders lange, elegante rosa Blütenstände, die ab dem Spätsommer erscheinen. Wegen der kritischen Winterhärte eignet sich dieses Gras weniger für kältere Regionen.

H: 90 cm, **B**: 90 cm

***Pennisetum setaceum* 'Purpureum'**
Dieses eindrucksvolle, kaskadenartig überhängende Gras ist von den breiten Blättern bis zu den großen Blütenständen ganz rotviolett. Die Meinungen gehen auseinander, ob es eine Einjährige oder kurzlebige Staude ist, jedenfalls verträgt es keinen stärkeren Frost.

H: 1,2 m, **B**: bis 1,2 m

Pennisetum villosum
Das Wollige Federborstengras ist eher kälteempfindlich, kann aber in milderen Gegenden in einer geschützten Lage draußen überdauern. Die breiten Horste werden den ganzen Sommer und Herbst von kurzen weißen, zotteligen Blütenständen überragt.

H: 60 cm, **B**: 1 m

Phalaris arundinacea* var. *picta
Das sommergrüne Rohr-Glanzgras mit seinen breiten Blättern war lange Zeit sehr beliebt in den Landhausgärten. Die weit überhängenden Blätter sind weiß gestreift und sehen sehr dekorativ aus. Die Blütenstände wirken eher unscheinbar.

H: 1 m, **B**: 2 m

***Spartina pectinata* 'Aureomarginata'**
Das Goldleistengras aus der nordamerikanischen Prärie hat bogig überhängende, schmale, dunkelgrüne Blätter mit goldgelbem Rand. Die Halme tragen bürstenähnliche, rötlich überhauchte Blütenstände. Für feuchte bis nasse Plätze, verträgt aber keine Staunässe.

H: 1,5 m, **B**: 1 m

Süßgräser (Stipa)

Stipa calamagrostis

Das Silberährengras bildet rundliche Horste aus schmalen, überhängenden, sommergrünen Blättern. Seine fedrigen, grünlich weißen Blütenstände stehen recht dicht und verdecken das Laub. Später färben sie sich beige und halten fast den ganzen Winter über.

H: 1 m, **B**: 1 m
❄❄ ◇ ◆ ☼ ◐

Stipa gigantea

Das Riesen-Federgras wirkt unverwechselbar mit seinen dunkelgrünen Blatthorsten, überragt von hohen lockeren, goldgelben Blütenständen. Die Blütenhalme erscheinen im Spätfrühling und halten bis in den Winter. Sie erzielen eine schleierartige Wirkung.

H: 2 m, **B**: 2 m
❄ ◇ ☼ 🏆

Stipa tenuifolia

Diese Art, oft mit der ähnlichen *S. tenuissima* verwechselt, bleibt kleiner und bildet breite Horste aus feinen, jadegrünen Blättern, überragt von zarten, duftigen, cremefarbenen Blütenrispen von Spätfrühling bis Spätsommer. Sie mag trockene Böden.

H: 50 cm, **B**: 45 cm
❄❄❄ ◇ ◆ ☼ ◐

Stipa tenuissima

Das zu Recht beliebte Mexikanische Federgras hat feine grüne Blätter, die von rasierpinselähnlichen Blütenständen völlig eingehüllt sind. Anfangs rosa, später weiß, verdecken sie das Laub bis zum Absterben im Spätherbst. In mildem Klima wintergrün.

H: 75 cm, **B**: 60 cm
❄❄❄ ◇ ◆ ☼ ◐

Sauergräser und grasartige Stauden (Acorus)

Acorus calamus

Der Kalmus ist eine anspruchslose immergrüne Pflanze aus der Familie der Aronstabgewächse. Er wächst auf nassen Böden im Schatten. Die bogigen, steifen, ziemlich breiten Blätter der dichten Horste treiben aus einem fleischigen Wurzelstock.

H: 45 cm, **B**: 45 cm
❄❄❄ ◑ ● ◐ ☀

Acorus gramineus 'Hakuro-nishiki'

Diese schöne, goldgelb belaubte Züchtung aus Japan ist eine Zwergform, die nur halb so hoch wird wie die reingrüne Art. Diese Sorte bringt in der Tat viel Farbe in einen schattigen Bereich und wächst auch in Gefäßen sehr gut.

H: 10 cm, **B**: 20 cm
❄❄ ◑ ● ◐ ☀

Acorus calamus 'Variegatus'

Diese panaschierte Sorte hat grün und cremeweiß gestreifte Blätter, die bei kälterem Wetter rosa überhaucht sind. Die Panaschierung hält auch im Schatten. Wie alle Kalmus-Arten wuchert auch diese Pflanze nicht und gedeiht in Töpfen gut.

H: 45 cm, **B**: 45 cm
❄❄❄ ◑ ● ◐ ☀

Acorus gramineus

Der Gras-Kalmus, die kleinere Form der beiden in Kultur befindlichen Arten, hat grasähnlichere Blätter und eine weniger aufrechte Wuchsform. Er bildet niedrige, immergrüne Teppiche und breitet sich langsam über unterirdische Triebe aus.

H: 20 cm, **B**: 30 cm
❄❄❄ ◑ ● ◐ ☀

Acorus gramineus 'Ogon'

Diese Sorte zählt mit ihren breit und unregelmäßig creme bis gelb gestreiften, olivgrünen Blättern zu den schönsten bunten Kalmus-Züchtungen. Die Art ist fast genauso wüchsig wie die grüne Art und behält ihre Färbung auch im Schatten.

H: 25 cm, **B**: 25 cm
❄❄ ◑ ● ◐ ☀

Sauergräser und grasartige Stauden (Carex)

Carex buchananii

Die Fuchsrote Segge gehört zu einer Gruppe neuseeländischer Seggen mit bronzebraunen bis rostroten schmalen Blättern, die zu andersfarbigen Gräsern und Seggen einen schönen Kontrast bilden. Die Blätter sind an den Spitzen gekräuselt.

H: 45 cm, **B**: 45 cm

Carex comans

Diese immergrüne Segge und ihre Sorten haben extrem schmale, fadenähnliche Blätter und eine niedrige, ausladende Wuchsform. Sie sehen außerordentlich dekorativ aus, wenn sie über den Rand eines großen Topfes herabfallen.

H: 30 cm, **B**: 75 cm

Carex elata **'Aurea'**

Diese Sorte gehört zu den bekanntesten und am meisten kultivierten Seggen. Sie stößt im Herbst ihr Laub ab. Die Hügel aus überhängenden, goldgelben Blättern mit feinem grünem Rand bevorzugen feuchte Böden und Halbschatten.

H: 70 cm, **B**: 1 m

Carex flagellifera 'Coca-Cola'

Diese ungewöhnliche, braunblättrige Sorte bleibt recht niedrig. Das sehr lockere Laub breitet sich von der Mitte aus in alle Richtungen aus. Oft sind die Blätter zu den Spitzen hin heller. Guter Kontrast zu blau- und gelbblättrigen Nachbarn.

H: 45 cm, **B**: 1 m

Carex pendula

Die Hänge-Segge wird hauptsächlich wegen ihrer Blüten kultiviert, was für eine Segge ungewöhnlich ist. Die Blütenstände ähneln Kätzchen, sind mehrere Zentimeter lang und hängen an übergeneigten Trieben über breiten, frischgrünen Blättern herab.

H: 80 cm, **B**: 80 cm

Carex grayi

Die immergrüne Morgenstern-Segge aus Nordamerika hat breite grüne Blätter und ungewöhnliche Früchte mit langen Stacheln, die der mittelalterlichen Waffe, dem Morgenstern, ähneln. Die Art liebt feuchte Böden und wächst sogar im flachen Wasser.

H: 50 cm, **B**: 45 cm

Carex oshimensis 'Evergold'

Diese reizende kleine, immergrüne Segge aus Japan hat Blätter mit breiten goldgelben und dünnen grünen Längsstreifen. Sie bleibt niedrig, hat übergeneigte Blätter und sieht als Bodendecker oder in Trögen sehr hübsch aus.

H: 50 cm, **B**: 45 cm

Sauergräser und grasartige Stauden (Carex–Cyperus)

Carex pendula 'Moonraker'

Diese Sorte der Hänge-Segge zeigt herrlich panaschiertes Laub. Die Blätter treiben im Frühjahr fast weiß aus, später haben sie cremeweiße Streifen und werden im Laufe des Sommers grüner. Für ein panaschiertes Gras relativ blühfreudig.

H: 70 cm, **B**: 90 cm

Carex siderosticha 'Variegata'

Die breitblättrige, niedrige sommergrüne Wald-Segge aus Japan breitet sich langsam über unterirdische Triebe (Rhizome) aus. Die Blätter dieser Sorte sind am Rand fein weiß gestreift, in einem kalten Frühjahr rosa getönt. Toller Bodendecker.

H: 20 cm, **B**: 1 m

Carex tenuiculmis

Diese Segge aus Neuseeland hat schokoladenbraune Blätter, besonders in voller Sonne wirken sie rotbraun. Die Art bildet dichte, aufrechte Büschel, deren Blattspitzen herabhängen. In kälteren Gegenden ist Winterschutz erforderlich.

H: 45 cm, **B**: 45 cm

Carex testacea

Die schmalen Blätter dieser Segge zeigen einen ungewöhnlichen olivgelben Farbton mit bronzefarbenem Schimmer. In der vollen Sonne verfärben sie sich auffällig orange. Die Winterhärte der Art ist etwas eingeschränkt.

H: 45 cm, **B**: 1 m

Carex trifida

Diese eindrucksvolle immergrüne Segge eignet sich für Sumpfbeete und den Teichrand. Die großen auffälligen Horste haben frischgrüne, gefältelte Blätter. Die für eine Segge großen und auffallenden Blüten ähneln Miniatur-Rohrkolben.

H: 1 m, **B**: 1 m

Cyperus eragrostis

Dieses im tropischen Amerika heimische Zypergras ist mehr winterhart als andere Arten der Gattung. Ihre typischen »schirmartigen« Blattwirtel umgeben die braunen, wuscheligen Blütenstände. Wie andere Arten wurzelt sie gern im Wasser.

H: 1 m, **B**: 75 cm

❄ ◐ ● ☼ ◑

Cyperus involucratus

Das hübsche »Umbrella Grass« stammt aus Afrika. Es treibt lange, dicke, blattlose Halme, an deren Spitzen der Kranz aus Hochblättern die zierlichen Blüten einrahmt. Die leider kaum frostverträgliche Pflanze muss im Haus überwintern.

H: 1 m, **B**: 1 m

✿ ● ☼ ◑ 🏆

Cyperus papyrus

Diese herrliche Wasserpflanze wird in der Natur mehrere Meter hoch. Die alten Ägypter stellten daraus Papyrus her. Die kräftigen Halme tragen die großen Blütenquirle. Für Wintergärten mit Wasserbecken – oder man zieht eine Zwergform im Haus.

H: 4 m, **B**: 4 m

✿ ● ☼ ◑ 🏆

Sauergräser und grasartige Stauden (Equisetum–Ophiopogon)

Equisetum hyemale
Schachtelhalme gibt es seit mehr als 300 Mio. Jahren. Der immergrüne Winter-Schachtelhalm hat gerade Stängel aus ineinander geschachtelten Gliedern, die an den Knoten braun sind. Zur Begrenzung des Wachstums im Topf ziehen.

H: 2 m, **B**: 2 m und mehr
❄❄❄ 💧💧 ☼ ◐

Equisetum ramosissimum var. ***japonicum***
Der immergrüne Ästige Schachtelhalm stammt aus Japan und ist völlig winterhart. Die kürzeren Stängel sind dicker und an den Knoten braun und weißlich gestreift. Zur Begrenzung im Gefäß kultivieren.

H: 1 m, **B**: 2 m und mehr
❄❄❄ 💧💧 ☼ ◐

***Juncus effusus* 'Spiralis'**
Diese Form der Flatter-Binse mit spiralig gedrehten Blättern wirkt eher kurios als dekorativ. Die dunkelgrünen korkenzieherartigen Triebe entstehen aufgrund einer Mutation, die bei Binsen öfter einmal vorkommt.

H: 30 cm, **B**: 60 cm
❄❄❄ 💧 ☼ ◐

***Juncus patens* 'Carman's Gray'**
Diese Sorte aus Kalifornien nimmt eine blaugraue Färbung an, besonders in den von ihr bevorzugten vollsonnigen Lagen. Sie wächst aufrecht, blüht für eine Binse recht reich, wenn auch die kleinen braunen Blüten kaum Zierwert besitzen.

H: 30 cm, **B**: 60 cm
❄/❄ 💧 ☼ ◐

Luzula nivea

Hainsimsen zählen zu den besten Pflanzen für trockene, schattige Bereiche, etwa unter Bäumen. Die Schneeweiße Hainsimse aus Südeuropa bildet Horste und breitet sich über Ausläufer aus. Sie wuchert aber nicht und hat hübsche weiße Blüten.

H: 40 cm, **B**: 50 cm

Luzula sylvatica **'Aurea'**

Diese gelbblättrige Auslese der Wald-Hainsimse ist eine der besten Pflanzen, um schattige Bereiche aufzuhellen. Sie wächst auf fast jedem Boden, verträgt Trockenheit und ist bei einigermaßen milden Wintern immergrün.

H: 30 cm, **B**: 60 cm

Ophiopogon jaburan **'Vittatus'**

Der so genannte Schlangenbart trägt schmale, riemenförmige, immergrüne Blätter, zählt aber zu den Liliengewächsen, wie die Blüten es beweisen. Die Blätter dieser Sorte sind unregelmäßig cremeweiß bis gelb gestreift. Zierlich und elegant.

H: 15 cm, **B**: 30 cm

Sauergräser und grasartige Stauden (Ophiopogon–Uncinia)

Ophiopogon japonicus
Mit den extrem schmalen Blättern sieht dieser Schlangenbart wirklich wie ein Gras aus. Das Laub wird in voller Sonne blaugrün. Die Pflanze verträgt die Trockenheit gut und eignet sich als rasenartiger Bewuchs, der nie gemäht werden muss.

H: 15 cm, **B**: 30 cm

***Ophiopogon planiscapus* 'Nigrescens'**
Diese immergrüne Pflanze gehört zu den wenigen Gewächsen mit schwarzem Laub. Sie breitet sich langsam über Ausläufer aus und hat im Sommer kleine weiße Blüten und später glänzende schwarze Beeren.

H: 15 cm, **B**: 30 cm

Phragmites australis var. ***striatopictus* 'Variegatus'**
Das Schilfrohr breitet sich sehr schnell aus. Diese bunte Sorte hat cremeweiß gestreifte Blätter und wuchert nicht so stark, sollte aber in kleinen Teichen dennoch besser im Pflanzkorb wachsen.

H: 1,4 m, **B**: 2 m

Schoenoplectus tabernaemontani 'Zebrinus'

Simsen sind charakteristische Ufer- und Sumpfpflanzen. Die sommergrüne Zebrasimse wuchert weniger stark als die einfarbige grüne Teichsimse und hat eine ähnliche Bänderung wie manche *Miscanthus*-Sorten.

H: 1,2 m, **B**: 1,2 m
❄❄❄ ◑ ● ☼ ◐

Typha latifolia

Rohrkolben mit seinen walzenförmigen Blütenständen gedeiht am besten, wenn er im Wasser wurzeln kann. Der Breitblättrige Rohrkolben ist eine wüchsige, sommergrüne Art des Flachwassers, passt aber nur in große Gartenteiche und Seen.

H: 3 m, **B**: 2 m
❄❄❄ ◑ ● ☼ ◐

Typha minima

Für kleinere Gärten eignet sich der nur 60 cm hohe Zwerg-Rohrkolben besser. Er hat schmale, grasähnliche Blätter, kleine braune Blütenstände, die eher rundlich sind. In kleine Teiche nur in Pflanzkörben einsetzen, um ihn zu begrenzen.

H: 60 cm, **B**: 1,2 m
❄❄❄ ◑ ● ☼ ◐

Uncinia rubra

Das Rotgras aus Neuseeland und Australien ähnelt Seggen und besitzt bräunlich grüne Blätter. Es bevorzugt feuchte bis nasse Böden und Halbschatten, es eignet sich daher für Sumpf- und Wassergärten. Nicht zuverlässig winterhart.

H: 30 cm, **B**: 1 m
❄ ◑ ● ◐ ☀

Bezugsquellen

Gräser und Bambus gehören mittlerweile zum Standardsortiment von Staudengärtnereien. Besonders hoch wachsende Bambus-Arten finden Sie dagegen eher in Baumschulen. Wer auf bestimmte Arten und Sorten Wert legt, wird bei folgenden Adressen fündig:

Bambus

Bambus-Informationszentrum
Ramhorster Straße 2
31275 Lehrte-Steinwedel
Tel. 05136-5742
Fax 05136-873781
E-Mail:service@bambus-info.de
www.bambus-info.de
Großes Bambus-Sortiment, Zubehör und Produkte aus Bambus im Online-Shop, viele nützliche Informationen auf der Homepage.

Gartenbau Michaele Schulze Welberg
Gladbeck 16a
48301 Nottuln
Tel. und Fax 02548-934329
E-Mail: post@plantshop.de
www.plantshop.de
Bambus, Gräser und viele Stauden im Online-Shop erhältlich.

Bambusgarten
Auf der Sieb 2
63505 Langenselbold
Tel. 06184-2557
Fax 06184-900961
E-Mail: info@bambusgarten.de
www.bambusgarten.de
Umfassendes Angebot winterharter Bambus-Arten und Bambusrohre, Online-Shop.

Bambus und mehr ...
Holger Ehrlich
Einhardstraße 22
Ausstellung: Relystraße 19
64720 Michelstadt
Tel. 06061-968854
Fax 06061-968829
E-Mail: info@bambusundmehr.de
www.bambusundmehr.de
Bambus und geeignete Begleitpflanzen, Accessoires.

BambusCentrum Deutschland
Baumschule Eberts GbR
Saarstraße 3–5
76532 Baden-Baden
Tel. 07221-5074-0
Fax 07221-507480
E-Mail:info@bambus.de
www.bambus.de
Bambus-Forum, Online-Shop, umfassende Informationen rund um die Bambuskultur.

Bambuszentrum München
Rote-Kreuz-Straße 12
85737 Ismaning
Tel. 089-96201060
Fax 089-96201080
E-Mail: info@bambus-muenchen.de
www.bambus-muenchen.de
Bambus für Freiland und Wintergarten, Gräser und Gehölze wie Japanische Fächer-Ahorne, Accessoires für japanische Gärten.

Sortiments- und Versuchsgärtnerei
Werner Simon
Staudenweg 2
97828 Marktheidenfeld
Tel. 09391-3516
Fax 09391-2183
E-Mail: info@gaertnerei-simon.de
www.gaertnerei-simon.de
Großes Sortiment an außergewöhnlichen Stauden, Gräsern und Bambus, Verkauf in der Gärtnerei und Versand.

Bamboekwekerij Kimmei
Jos van der Palen
Zandbergstraat 14
NL 5555 LB Valkenswaart
Tel. 0031-40-2014371
Fax 0031-40-2018155
www.kimmei.com
Bambus und Gräser. Kein Versand.

De Groene Toko
Johan van der Perk
Meinte 10
NL 4153 XE Beesd
Tel. 0031-612-529974
Fax 0031-317-428458
E-Mail: info@perkgroen.nl
www.perkgroen.nl
Bambus und Gräser. Kein Versand.

Gräser und andere Stauden

Die folgenden Staudengärtnereien führen ein überdurchschnittlich großes Sortiment an Gräsern und anderen Stauden. Sie verkaufen direkt an Privatkunden und versenden ihre Pflanzen in der Regel.

Foerster-Stauden GmbH
Am Raubfang 6
14469 Potsdam-Bornim
Tel. 0331-56726-15
Fax 0331-520124
Zentrale
E-Mail: info@foerster-stauden.de
www.foerster-stauden.de
1700 verschiedene Arten und Sorten von Stauden im Einkaufsgarten. Kein Versand.

Stauden-Kulturen
Willi Tangermann
Rauhe Wiese 17
31171 Nordstemmen
Tel. 05069-548
Fax 05069-3030
E-Mail: tangermann-stauden@t-online.de
www.tangermann-stauden.de
Großes Staudensortiment.

Staudenkulturen Stade
Helmut Stade
Beckenstrang 24
46325 Borken-Marbeck
Tel. 02861-2604
Fax 02861-65136
E-Mail: info@stauden-stade.de
www.stauden-stade.de
Gräser, Steppenstauden, auch heimische Arten und seltene Sorten.

grasland
Gisela Ferger, Frank Scholten
Max-Richartz-Hof
Opladen-Atzlenbach
Im Rosengarten 19
51381 Leverkusen
Tel. 02171-732529
Fax 02171-732743
E-Mail gras.land@web.de

Kayser & Seibert
Inhaber: Klaus Seibert
Wilhelm-Leuschner-Straße 85
64380 Roßdorf
Tel. 06154-9068
Fax 06154-82069
E-Mail: info@kayserundseibert.de
www.kayserundseibert.de
Großes Staudensortiment.

Müller & Pfützner GmbH
Westerbachstraße 247
65936 Frankfurt am Main
Tel. 069-341897
Fax 069-343517
E-Mail: mueller-pfuetzner@freenet.de
www.gartencenter-frankfurt.de
Großes Staudensortiment, auch mit seltenen Sorten.

Gärtnerei Hügin
Zähringer Straße 281
79108 Freiburg im Breisgau
Tel. 0761-553725
Fax 0761-5009958
Besonderes Sortiment. Direktverkauf und Versand.

Inge und Rainer Goldmann
Alte Reutstraße 265
90765 Fürth-Braunsbach
Tel. 0911-306545
Fax 0911-306188
E-Mail: info@goldmann-stauden.de
www.goldmann-stauden.de
Ziergräser, Versand an privat.

Hermann Näpfel
Äußere Nürnberger Str. 99
91710 Gunzenhausen
Tel. 09831-2070
Fax 09831-50231
E-Mail: inaepfel@hotmail.com
Großes Staudensortiment, auch mit seltenen Sorten, Versand an privat.

Sarastro Stauden
Christian H. Kreß
Ort 131
A-4974 Ort/Innkreis
Mobil 0043-664-2610362
Tel. 0043-7751-8424
Fax 0043-7751-8424-3
E-Mail: office@sarastro-stauden.com
www.sarastro-stauden.com
Besondere Stauden, darunter viele Neueinführungen.

Rusterholz
Im Scheller 1
Obere Bergstrasse
CH-8820 Wädenswil
Tel. 0041 (0)44 720 40 31
Fax 0041 (0)44 720 40 29
E-mail: verkauf@rusterholzag.ch
www.rusterholzag.ch

Saatgut für Blumenwiesen

Hof Berg-Garten GbR
Lindenweg 17
79737 Herrischried
Tel. 07764-239
Fax 07764-215
E-Mail: info@hof-berggarten.de
www.hof-berggarten.de
Bioland-Betrieb, Saatgut für Blumenwiesen.

Rieger-Hofmann GmbH
Ernst Rieger und Rainer Hofmann
In den Wildblumen 7
74572 Blaufelden-Raboldshausen
Tel. 07952-5682
Fax 07952-6509
E-Mail: rieger-hofmann@t-online.de
Website: www.rieger-hofmann.de
Samenmischungen für unterschiedlichste Wiesentypen, Samen von gebietsheimischen Gräsern und Wildblumen.

Organisationen

Weitere Adressen finden Sie beim:

Bund deutscher Staudengärtner
Geschäftsführerin: Bettina Banse
Godesberger Allee 142–148
53175 Bonn
Tel. 0228-8100255
Fax 0228-8100248
E-Mail: info@stauden.de
www.stauden.de

Die Suchmaschine erleichtert es, einen zertifizierten Fachbetrieb in der Nähe Ihres Wohnortes zu finden.

Wer sich intensiver mit Stauden befassen möchte, findet Gleichgesinnte bei der Gesellschaft der Staudenfreunde. Die einzelnen Ortsgruppen organisieren Pflanzen- und Samenaustausch, sie bieten ihren Mitgliedern Informationsaustausch und interessante Veranstaltungen.

Gesellschaft der Staudenfreunde e.V.
GdS- Geschäftsstelle
Evi Roth
Neubergstraße 11
77955 Ettenheim
Tel. 07822-861834
Fax: 07822-861833
E-Mail: info@gds-staudenfreunde.de
www.gds-staudenfreunde.de

Innerhalb der Gesellschaft der Staudenfreunde formiert sich auch eine Fachgruppe Gräser. Weitere Informationen bei:

Katharina Adams
Bergstr. 8
52441 Linnich
Tel. 02463-907868
Fax 02463-907869

Register

Register

Bildnachweis / Dank

Der Verlag dankt folgenden Fotografen für die Überlassung von Bildmaterial:

(Abkürzungen: o = oben, m = Mitte, l = links, r = rechts)

2 Airedale: Sarah Cuttle. **4** DK Images: Peter Anderson (m), Paul Whittaker/PW Plants (u). **6–7** Airedale: David Murphy: Designer: Tom Stuart Smith, Daily Telegraph Garden, Chelsea Flower Show 2006. **8** Airedale: Amanda Jensen (ul). **8–9** DK Images: Steve Wooster. **9** Sarah Cuttle (u). Airedale: Amanda Jensen (o). **10** DK Images: Brian T. North/Designer: John Brookes (or); Roger Smith (ol). Airedale: Amanda Jensen: Designer: Tom Stuart Smith, Daily Telegraph Garden, Chelsea Flower Show 2006 (u). **12** Dianna Jazwinski (u). Airedale: David Murphy: Designer: Stuart Perry, Halifax Garden, Chelsea Flower Show 2006 (mr). **13** Garden Collection: Jonathan Buckley/Designer: Mark Brown. **14** Mike Newton (ul). **14–15** Mike Newton. **16** Airedale: Amanda Jensen: Knoll Gardens. **17** Airedale: Amanda Jensen (ul); Amanda Jensen: Knoll Gardens (o); David Murphy (ur). **18** Airedale: Amanda Jensen: Designer: Ruth Marshall, Mencap & Cater Allen Bank Garden, Chelsea Flower Show 2006 (u); Amanda Jensen: Designer: Marcus Barnett & Philip Nixon, The Savils Garden, Chelsea Flower Show 2006 (u). **19** Farden Collecrion: Marie O'Hara/ Scenic Blue Design Team. **20–21** DK Images: Steve Wooster. **21** Leigh Clapp: Copse Lodge (u). Airedale: Amanda Jensen: RHS Wisley (u). **22** Airedale: Amanda Jensen (l); David Murphy (ur). **24–25** Airedale: Amanda Jensen: Designer: Geoff Whiten, The Pavestone Garden (Garden of Tranquillity), Chelsea Flower Show 2006. **25** Sarah Cuttle: Designer: Ian Rochead, The City Workers Retreat, Chelsea Flower Show 2006 (u). Harpur Garden Library: Marcus Harpur: Designer Justin Greer für Holly Oldcorn (or). **26** Dianna Jazwinski. **27** Amanda Jensen (ur); David Murphy: Designer: Tom Stuart Smith, Daily Telegraph Garden, Chelsea Flower Show 2006 (o). **28–29** Airedale: David Murphy: Designer: Sarah Eberle in Zusammenarbeit mit Andrew Herring, Bradstone Garden, Chelsea Flower Show 2006 (u). David Murphy (o). **29** John Glover: Hilcroft Road, Walsall (or). **32** Mike Newton. **37** Airedale: David Murphy (um). **38** DK Images: Peter Anderson (ml), (ul), (ur); Mark Winwood (or). **39** Andrew Lawson: Designer: Biddy Bunzl und James Fraser. **42** DK Images: Steve Wooster/Designer: Geoff Whiten (r). Mike Newton (l). **43** Airedale: Amanda Jensen: Designer: Emma Dawson, Capel Manor College, Time Line, Hampton Court Flower Show 2006 (l). DK Images: Peter Anderson/Designer: Pat Garland (r). **52** Airedale: David Murphy. **58–59** Airedale: Amanda Jensen: Designer: Trevor Tooth Garden Practice (Love, Life & Regeneration), Hampton Court Flower Show 2006. **61** The Garden Collection: Jonathan Buckley: Design: David und Mavis Seeney, Upper Mill Cottage, Kent. **62** DK Images: Peter Anderson (ul). Airedale: Amanda Jensen (ol), (ml). Crocus.co.uk (or). **63** Airedale: Amanda Jensen: Designer: Marcus Barnett & Philip Nixon, The Savils Garden, Chelsea Flower Show 2006. **64** Garden World Images: Tony Cooper (ur). **65** Garden World Images: Tony Cooper. **66** Paul Whittaker/PW Plants (ul). **67** Paul Whittaker/PW Plants. Mark Bolton: Designer: Alison & Scot Evans/The Big Grass Companym Devon. **70** The Garden Collection: Gary Rogers (mr). Crocus.co.uk (or). **71** The Garden Collection: Gary Rogers: Designers: Alex Daley & Alice Devaney, Tatton Park 2005. **75** Mark Bolton: Pinsla Garden, Cornwall. **76** Airedale: Amanda Jensen (ol). **77** Airedale: David Murphy. **78** Airedale: Amanda Jensen: Knoll Gardens, Dorset (ol). **79** Airedale: Amanda Jensen: Knoll Gardens, Dorset. **81** Clive Nichols: RHS Garden, Wisley. **82** DK Images: Mark Winwood (ul). 83 Airedale: Sarah Cuttle. 84 Crocus.co.uk (ur). **87** Airedale: Amanda Jensen: Designer: Tom Stuart Smith, Daily Telegraph Garden, Chelsea Flower Show 2006. **88** Crocus.co.uk (ul). **89** John Glover: Designer: Geoff Whiten, Hampton Court Flower Show 1995. **92** Sarah Cuttle (ul). **93** Sarah Cuttle: Designer: Nigel Boardman & Stephen Gelly, Boardman, Gelly & Co (The Urban Jungle), Hampton Court Flower Show 2006. **94** Airedale: Amanda Jensen (ul). **95** Airedale: Amanda Jensen: Designer: Graham Pockett: The Zoological Society of London (Gorilla Garden), Chelsea Flower Show 2006. **96** Airedale: Amanda Jensen (mr), (ul), (ur). John Carter (ol). **97** Airedale: Amanda Jensen: Designer: Graham Pockett: The Zoological Society of London (Gorilla Garden), Chelsea Flower Show 2006. **99** DK Images: Peter Anderson: Chelsea Flower Show 2001. **118** Sarah Cuttle (r). **122** DK Images: Peter Anderson (ol). **123** Bamboo Garden (or). Paul Whittaker/PW Plants (ur). **124** Crocus.co.uk (m). **125** Paul Whittaker/PW Plants (or). **126** Paul Whittaker/PW Plants (ol). **128** Paul Whittaker/PW Plants (om), (um). **129** Airedale: Amanda Jensen (om). **134** Paul Whittaker/PW Plants (ur). Crocus.co.uk (mu). **139** Crocus.co.uk (or). **141** Crocus.co.uk (om). **144** Crocus.co.uk (ur). DK Images: Mark Winwood (ul). **147** Crocus.co.uk (ur) **148** Airedale: Amanda Jensen (ul), (um). Paul Whittaker/PW Plants (ol). **150** Airedale: David Murphy (m). Paul Whittaker/PW Plants (ur). **152** Crocus.co.uk (om).

Alle anderen Bilder: Dorling Kindersley. Weitere Informationen unter www.dkimages.com

Dorling Kindersley Verlag bedankt sich auch bei:

Lektoratsassistenz: Fiona Wild, Mandy Lebentz;
Register: Michèle Clarke

Airedale Publishing bedankt sich bei:
Crocus.co.uk; Knoll Gardens; Paul Whittaker/PW Plants; Thompson & Morgan (Tel: 01473 695200).